基础化学实验

主　编　黄中梅　杨爱华
副主编　隆　琪　黄晓琴　陶　鑫　宋　红

华中科技大学出版社
中国·武汉

图书在版编目(CIP)数据

基础化学实验/黄中梅，杨爱华主编．—武汉：华中科技大学出版社，2023.2
ISBN 978-7-5680-8683-7

Ⅰ．①基…　Ⅱ．①黄…　②杨…　Ⅲ．①化学实验-高等学校-教材　Ⅳ．①O6-3

中国版本图书馆 CIP 数据核字(2022)第 164800 号

基础化学实验　　　　黄中梅　杨爱华　主编

Jichu Huaxue Shiyan

策划编辑：汪　粲
责任编辑：余　涛　李　昊
封面设计：原色设计
责任校对：曾　婷
责任监印：周治超
出版发行：华中科技大学出版社(中国·武汉)　　电话：(027)81321913
　　　　　武汉市东湖新技术开发区华工科技园　　邮编：430223
录　　排：华中科技大学惠友文印中心
印　　刷：武汉科源印刷设计有限公司
开　　本：787mm×1092mm　1/16
印　　张：12
字　　数：245 千字
版　　次：2023 年 2 月第 1 版第 1 次印刷
定　　价：46.00 元

前　言

为了全面落实高等教育立德树人的根本任务和深化本科阶段教学改革，充分发挥实验课程在培养学生的科学素养、基本实验技能、分析问题和解决问题的能力、创新精神和创新能力等方面的作用，组织从事教学工作多年一线教师，结合专业需求和人才培养方案，编写了《基础化学实验》一书，为打造金课、进一步提升人才培养质量提供教材。本书是一本以实用、适用和与时俱进为原则编写的实验教材，可作为高等院校医学类、药学类、护理学类、生物学类等专业的化学实验课程教材。

全书分为四个章节，涵盖化学实验基础知识，化学实验基本操作技术，物质的制备、提纯与提取，物理常数的测定，物质含量定量分析和性质鉴定，以基础实验、综合实验及设计实验等形式呈现，编排上按照基础知识和技术、无机及分析化学实验、有机化学实验分布，每一部分均由基础技能和规范训练开始，循序渐进至综合设计和操作。书中所选实验，覆盖知识点全面、条件翔实、规程可靠、紧密结合实际需求。基础操作实验可控制在 2 个学时内完成，综合性实验和设计性实验可控制在 4 个学时内完成，可满足不同学校不同教学学时安排的需求。

编者在编写过程中，力求使本教材具有以下特色。

(1)注重实验内容的新颖性和经典性相结合，注重实验完成的成功率和实验过程对学生能力的培养。

(2)实验由基础性到综合性、趣味性，内容覆盖面广。

(3)注重介绍实验新设备、新仪器的使用。

(4)实验装置图丰富。

本书由黄中梅、杨爱华、隆琪、黄晓琴、陶鑫、宋红编写，由黄中梅、杨爱华担任主编。本书在编写和出版过程中得到了武汉生物工程学院教务处、教材科、化学与环境工程学院等有关部门领导和实验员教师董梦洁、徐国丽的大力支持，在此一并表示衷心的感谢。

由于编者水平有限，书中难免存在疏漏和欠妥之处，敬请同行专家及读者批评指正。

编　者

2023 年 1 月

目　录

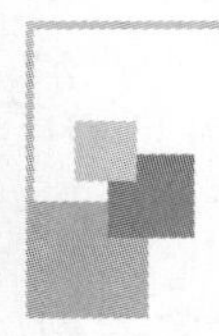

第 1 章　基础化学实验常识

化学是一门实用性很强的科学，对促进社会发展和提高人们的生活质量，起着重要的作用。化学也是一门以实验为基础的自然科学，其主要的研究方法就是实验。学习基础化学实验知识和训练实验技能，是深入理解、探究和掌握化学知识的重要途径。

在基础化学实验室，通过熟悉并接触相关实验仪器和设备，学习掌握基本实验技能，同时通过制定实验计划和设计实验方案，进行探究性学习和学科实验活动，实现理论与实践相结合，逐步掌握科学探究的方法，进而养成良好的科学习惯。

为了较好地完成每次实验，保证实验获得较好的实验结果和学习效果，防止发生严重实验意外和实验事故，需要在掌握基本的实验方法和操作技能的基础上，学习实验室安全相关知识，遵守实验室的基本规则。

1.1　基础化学实验室的规则

在进行实验技能训练和实验探究的过程中，必须牢固树立“以人为本”的观念及安全意识，坚持“安全第一，预防为主”的原则。首先，每个人都是自己实验安全的第一负责人，必须自觉遵守实验室安全管理规章制度和实验操作规程，不可麻痹大意和存有侥幸心理。然后，为了安全、顺利完成实验，要注意四个方面：实验室规则、实验室安全措施、正确的实验操作方法、有害物质和废弃物的处理方法。

1.1.1　学生守则

1. 课前充分准备

课前应认真预习，明确当次实验的目的和要求，理解实验的基本原理，了解实验的主要内容和实验步骤。

2. 实验衣着要求

进入实验室前，必须按规定穿着实验服，并将长发及松散衣服妥善固定，不得穿拖鞋、高跟鞋进入实验室；进行危害物质、挥发性有机溶剂、特定化学物质，以及其他毒性化学物质等化学药品操作实验或研究时，必须穿戴防护工具（如防护口罩、防护手套、防护眼镜等）。

3. 实验过程要求

清点和检查实验用品，遵守操作规则，不得擅自开展未经老师同意的实验项目；注意安全，爱护仪器，不浪费试剂和水电资源。

规范操作，仔细观察实验现象，如实记录实验现象和数据。认真分析、处理实验数据，实验结果需及时交老师审核。

实验过程中，应随时保持实验工作环境的整洁；有毒气体产生的实验应在通风橱中进行操作；火柴、纸张和固体废品等必须丢入废物缸内，实验产生的废液要倒入指定的废液桶内。

禁止在实验室内吸烟、进食、随意串台，不得在实验室内存放个人用品、电器等；严禁在实验室冰箱、温箱、烘箱、微波炉内存放和加工私人食品。

4. 实验结束后的工作要求

及时关闭仪器电源，洗净玻璃仪器，将公用仪器归还到指定位置，整理实验台和试剂台，及时完成实验报告的撰写；值日生还需要清扫实验室，离开前检查门、窗、水、电、煤气等是否关好，并填写实验室使用记录。

1.1.2　实验教师守则

1. 实验组织和备课

在教学大纲的基础上，教研室共同确定实验项目和教学进度。课前完成实验教案的撰写，备注每项实验的安全问题和注意事项。

2. 预备实验

课前进行预备实验，明确实验的重难点，统一教学要点和注意事项；进一步检验仪器性能，掌握仪器小故障的排除方法；与实验技术人员紧密配合，协调一致地搞好实验教学工作，确保实验安全顺利开展。

3. 实验指导

合理安排实验进度，正确讲解实验原理、实验设计和规范演示实验操作，全程指导学生进行实验操作，及时纠正不规范/错误操作，负责实验过程中的实验安全；及时检查学生实验数据和结果，对不符合要求的实验结果，需指导学生分析问题和及时重做实验。

4. 实验结束安排

检查各实验台收尾整理工作和值日生工作完成情况，并在实验室使用记录本的教师栏上签字。

1.2 基础化学实验室安全知识

1.2.1 基础化学实验室可能事故的预防和应急处理

基础化学实验室均需要备有急救箱。急救箱内的药剂和用品包括以下两类。

消毒剂和外伤药：碘伏、75%医用消毒酒精、龙胆紫药水、烫伤油膏和云南白药粉等。

治疗用品：药棉、纱布、创可贴、绷带、胶带、剪刀、镊子等。

另外，实验室内还需要有能够及时配制预防和处理化学灼伤用的试剂原材料，包括：5%碳酸氢钠溶液、2%的醋酸、1%的硼酸、5%的硫酸铜溶液、医用双氧水、三氯化铁的乙醇溶液及高锰酸钾晶体。

基础化学实验室可能事故的应急处理方法如下。

1. 割伤

割伤主要发生在不按照实验操作规范操作的情况下。例如，强行组装口径大小不匹配的仪器导致仪器断裂伤人；未按规定放置玻璃仪器导致碰倒仪器，整理玻璃碎片伤人。严格遵守实验操作规范基本可以避免以上情况的发生。

一旦割伤，若伤口内有碎玻璃，应先用消过毒的镊子取出玻璃后再进行下一步处理。例如，轻伤可用生理盐水冲洗伤处，涂上紫药水或碘伏消毒，必要时撒上云南白药粉，用创可贴包扎；伤口较深、创面较大时，则先用医用消毒酒精在伤口周围清洗消毒，再用纱布按住伤口压迫止血，并立即就近送医。

2. 烫伤

在实验过程中，皮肤不小心碰到加热中或者加热过的仪器，以及加热的液体飞溅到皮肤，会引起烫伤。

烫伤的处理方法需要依据具体情况来定，首先要及时远离致热原，用缓缓流动的冷水冲洗伤处 30 min 左右，以带走伤处的热量，避免残余热量加剧损伤。水流不可以过急，避免导致流水冲刷伤口而形成二次损伤。另外，水温不能太低，若低于 5 ℃就会导致冻伤。如果仅仅是表皮潮红且没有水疱，可考虑为Ⅰ度烫伤，用冷水冲洗后 2～3 天后自行愈合。如果较浅或者面积较小的创面，用冷水冲洗创面后，再用碘伏清洗，然后涂上烫伤油膏；有单发的水疱可用注射器刺破水疱，然后用纱布包扎。较重烫伤是指面积较大或程度深的创面，这种创面需及时到正规医院进行治疗，避免创面感染加重从而延误治疗时机。

3. 试剂灼伤

不规范的取用或者滴加试剂操作可能造成有毒或有腐蚀性的试剂沾到裸露的皮肤而发生试剂灼伤。具体灼伤的处置方法，取决于造成灼伤试剂的性质。

受(强)酸灼伤，先用干净的纸巾吸净伤处的酸液，再用大量水冲洗，然后用3%～5%碳酸氢钠($NaHCO_3$)溶液(或稀氨水、肥皂水)冲洗，最后用水洗净拭干后，涂上甘油、碳酸氢钠油膏或烫伤油膏；如果是浓硫酸灼伤，切记不可用布擦拭，应立即用大量水冲洗。因为浓硫酸有强脱水性，接触皮肤后会使之炭化，用布擦拭就会擦掉皮肤组织。若酸液溅入眼内，应立刻用实验室紧急喷淋洗眼器并用大量水冲洗，然后用3%碳酸氢钠溶液和蒸馏水先后冲洗，严重者及时联系120送医院治疗。

受(强)碱灼伤，先用大量水冲洗，再用2%醋酸溶液或饱和硼酸溶液清洗，然后再用水冲洗。若碱液溅入眼内，应先用硼酸溶液清洗，然后再用蒸馏水冲洗。

受液溴灼伤非常严重，应立即使用大量水冲去表面附着部分，再用乙醇洗涤伤处，直至恢复皮肤本色，最后涂上甘油。

受苯酚灼伤，先用水冲去表面附着部分，再用4体积10%的酒精与1体积三氯化铁的混合液冲洗，或者直接用乙醇冲洗并揉搓伤处，直至恢复皮肤本色。

4. 吸入刺激性或有毒的气体

取用挥发性试剂和产生有刺激性或毒性气体的实验均需在通风处进行。

常见的容易吸入刺激性的HCl气体或者NH_3气体，会引起剧烈咳嗽等症状，应该立即呼吸新鲜的空气，同时多喝水，滋润局部黏膜，从而缓解这种不适症状。若吸入大量有毒的气体而造成中毒并伴有昏眩时，通常只要把中毒者移到空气新鲜的地方，解松衣服(但要注意保温)，使其安静休息，必要时给中毒者吸入氧气。若吸入的是Cl_2、Br_2等蒸气，可吸入少量酒精和乙醚的混合物蒸气解毒。吸入Br_2蒸气的，也可用嗅闻氨水的办法减缓症状。吸入少量H_2S的，应立即送到空气新鲜的地方；中毒较重的，应及时联系120，送到医院治疗。

5. 误吞入有毒试剂

一定要遵守实验室安全守则，禁止在实验室进食、存放和加工私人食品。

发现误吞入有毒试剂，首先明确误吞试剂的种类和性质。如果是酸性物质，则立即大量饮水冲洗食道，再服用混有$Al(OH)_3$膏剂的鸡蛋白解毒；如果是碱性物质，则先大量喝水冲洗食道，再引用酸性果汁和鸡蛋白解毒；如果是腐蚀性试剂，则饮用大量牛奶；如果是非腐蚀性毒物，则可给中毒者服用催吐剂，如肥皂水、芥末和水，或服鸡蛋白、牛奶和食物油等，以缓和刺激，随后再用干净的手指或方便筷子伸入喉部催吐。注意：磷中毒的人不能喝牛奶，可用5～10 mL 1%的硫酸铜溶液加入一杯约200 mL的温开水内服催吐，然后送医院治疗。

6. 触电

遵守实验室安全守则，实验前检查仪器，使用过程中按规范使用仪器。

万一发生触电应立即拉下电闸、切断电源，并尽快用绝缘物（干燥的木棒、竹竿等）将触电者与电源隔离，若触电者出现昏迷，则需进行人工呼吸救治，并及时联系120，送到医院治疗。

1.2.2　实验室安全守则

对于实验室事故最好的处置方法就是预防，因此在基础化学实验室内，需要遵守实验室的安全守则。

1. 熟悉实验室及其周围环境

知道水、电、煤气总闸开关的位置，遇临时停水、停电、煤气中断供应时，应立即关闭相应的总闸开关；如遇煤气或天然气泄漏时，应立即停止实验，避免明火并马上进行检查。

2. 规范使用电器

要谨防触电。仪器在使用前需检测用电仪器设备的总体情况，不得用湿的手、物去接触电源，实验完毕后，要及时拔下插头或切断电源；不得超过电源最大负荷功率使用电器；发现仪器电源线松脱和电线金属丝裸露的现象，要及时报告，并立即切断仪器电源，停止使用。

3. 规范取用试剂

不能用手直接拿取固体试剂；禁止使用无标签、性质不明的物质；禁止随意混合试剂和开展未经老师许可的试剂取用；一切有毒、有刺激性气味的气体产生的实验，都应在通风橱内进行。禁止随意品尝药品的味道；严禁在实验室内饮食；严禁将食品及餐具等带入实验室内。取用一些强腐蚀性的药品，如浓硫酸、溴水等，必须戴上橡皮手套。实验完毕后须将手洗净。实验室内所有试剂均不得携出室外，用剩的有毒药品应还给老师。

4. 防火防爆

使用易燃物（如酒精、丙酮、乙醚）、易爆物（如氯酸钾）时，要远离火源，使用完毕后应及时将易燃、易爆物加盖存放阴凉的地方；同时需知道灭火器材的位置及使用方法。

5. 实验室规范处理三废

用过的废酸/碱应倒入指定的废酸/碱缸中；如有机溶剂散落到地上，应立即用纸巾吸除，并做适当地处理；实验过程中产生的固体废弃物，如火柴棒、使用过的滤纸及pH

试纸、破损的玻璃仪器等，应收集起来放入废物桶内或实验室规定放置的地方。

1.2.3　基础化学实验室常见毒性物质

1. 汞和汞的化合物

实验中使用到含有水银(汞，Hg)的温度计、压力计、汞电极等仪器时，要注意使用仪器的安全。因为仪器一旦破损，水银会洒落到角落中且不易被发现，而水银易蒸发，其蒸气剧毒且无气味，若人体吸入则容易引起慢性中毒。汞的可溶性化合物如氯化汞和硝酸汞也都是剧毒物品。

万一出现含有水银的仪器破损，水银洒落在桌上或地上，必须及时报告老师，并尽可能收集起来，并用硫黄粉覆盖，使水银转变成不易挥发的硫化汞(HgS)。注意收集过程中不可直接用手去捡取水银珠。

2. 硫化氢

硫化氢是具有臭鸡蛋味、毒性极大的气体。它最大的危险性在于能麻痹人的嗅觉，以致不闻其臭，所以特别危险。

使用硫化氢或者进行酸与硫化物反应时，必须在通风橱中进行。

3. 铬酸洗液

铬酸洗液含有浓硫酸和重铬酸钾，具有强腐蚀性，使用时需防止烧伤皮肤、衣物。六价铬离子有致畸、致癌的危害，可以通过消化道、呼吸道、皮肤及黏膜，侵入人体。使用铬酸洗液时，要规范操作。

4. 有机化合物

实验室中常见的有机化合物有乙酸、乙醛、四氯化碳、2,4-二硝基苯肼、苯酚、苯胺等，使用前需要查阅试剂手册，了解试剂性质和使用注意事项。

5. 浓硫酸

浓硫酸具有很强的腐蚀性，若实验时不小心溅到皮肤或衣服上，应立即用大量水冲洗，尽量减少浓硫酸在皮肤上停留的时间，即使其溶于水后会有热量放出，但是事实证明，冲洗时流水会带走热量，故其产生的热对人体几乎无影响。由于浓硫酸溶解时放出大量的热，因此浓硫酸稀释时应该“酸入水，沿器壁，慢慢倒，不断搅”。

6. 液溴

溴为棕色液体，易蒸发成红色蒸气，具有强烈地刺激性，会损伤眼睛、气管和肺。触及皮肤，轻者剧烈的灼痛，重者溃烂，长久不愈。使用溴时应加强防护，戴橡皮手套，在通风橱中操作。

另外实验室还有许多其他有毒试剂，如含有重金属离子的硫酸铜、硫酸钡，有腐蚀性的强碱氢氧化钠、氢氧化钾，等等，使用时按照规范操作即可防止对个人、同伴及环境造成伤害。

1.2.4 基础化学实验室火灾的预防和灭火办法

基础化学实验室发生火灾最主要的原因，就是对实验操作的物质的性质和使用注意事项，没有提前充分了解，进行了错误地操作，从而引起燃烧或者爆炸，如下列几种情况。

实验室处理废弃的钠、钾等活泼金属直接丢进有水分的固体废弃物回收桶，钠、钾等金属遇水燃烧，甚至引起废弃物回收桶内其他物质相互反应进而发生爆炸。

有些性质活泼的实验物品保管或使用不善，容易发生危险，如易自燃的白磷遇空气就自行燃烧；强氧化物和具有还原性的物质一起存放在相对封闭空间，挥发出的成分发生氧化还原反应，放出热量引起燃烧和爆炸；氯代烷与金属钠反应剧烈，容易引起爆炸，应分开放置保存，金属钠必须放在煤油中。

大多数的有机溶剂容易燃烧，固体粉末和可燃性气体都有着火点和爆炸极限，在超出极限范围与空气按一定比例混合时，一旦遇到明火（点火、电火花、撞击火花等）就会引起燃烧或发生猛烈爆炸。

因此，在实验室进行相关实验前，需要充分了解试剂的性质、使用和保管注意事项。

1. 火灾的预防

（1）在需要对易燃溶剂和试剂加热，往容器内添加试剂时，需要在远离火源、热源的地方进行。禁止将易燃溶剂放在敞口容器内用明火加热；加热前需检查装置气密性，接口处连接紧密，接收器支管口应远离火源，同时禁止对密闭容器内物质进行加热操作。

（2）蒸馏或回流操作前加沸石，依据加热温度高低选择使用电加热套、油浴、沙浴或水浴加热，需要使用酒精灯或煤气火焰加热烧瓶时，用石棉网隔开加热，冷凝水要保持畅通。需要使用油浴加热时，应绝对避免水滴溅入热油中。

（3）减压蒸馏时，要用圆底烧瓶或抽滤瓶作接收器，不能用锥形瓶、平底烧瓶等有棱角的容器或薄壁试管，否则可能承受不住内外压差从而发生炸裂；无论是常压蒸馏还是减压蒸馏，均不可将液体蒸干，要防止局部过热或产生过氧化物而引起爆炸；蒸馏醚类溶剂前，必须检验是否有过氧化物存在，过氧化物在遇热和撞击时容易引起爆炸，用硫酸亚铁等还原性物质除去过氧化物后才能进行加热操作。

（4）进行放热反应操作前，事先准备冷水或冷水浴，将反应器浸在冷水浴中冷却操作。进行放热反应实验时，加热热源（如电热套加热）的下方使用升降台，方便在放热剧烈需要控温时，迅速移开热源。

（5）倾倒易燃液体时应远离火源，最好在通风橱中进行；易燃溶剂不能用敞口容器存放，也不能倒入废液缸中，需要单独处理。

(6)酒精灯在使用前，检查酒精量是否在容量的 1/3 至 2/3 之间，避免加热中途添加酒精；禁止手持一只酒精灯到另一只酒精灯上点火；酒精灯用完后要立即盖灭火焰。

(7)对于易爆炸的固体，不能重压或撞击，以免引起爆炸，其残渣必须小心销毁。当瓶塞不易开启时，必须注意瓶内储存物质的性质，切不可贸然用火加热或乱敲瓶塞等。

2. 火灾的处置方法

万一发生着火，要沉着快速处理。首先要切断热源、电源，把附近的可燃物品移走，再针对燃烧物的性质采取适当的灭火措施；但不可将燃烧物抱着往外跑，因为跑动时空气流通更快，火会烧得更猛。常用的灭火措施有以下几种，使用时要根据火灾的轻重、燃烧物的性质、周围环境和现有条件进行选择。

石棉布：适用于小火。用石棉布盖上以隔绝空气，就能灭火。如果火势很小，用湿抹布或石棉板盖上就行。

干沙土：一般装于砂箱或沙袋内，只要抛洒在着火物体上就可灭火。当钾、钠或锂着火时，不能用水、泡沫灭火器、二氧化碳灭火器等灭火，可用干沙土扑灭；但对火势很猛，面积很大的火焰欠佳。砂土需要是干的，若有水分还会促进钾、钠或锂燃烧。

水：常用的救火物质。它能使燃烧物的温度下降，但不适用于一般有机物着火，因溶剂与水不相融，又比水轻，水浇上去后，溶剂还漂在水面上，火将扩散开来继续燃烧。若燃烧物与水互融时，或用水不会产生其他危险时，方可用水灭火。在溶剂着火时，先用泡沫灭火器将火扑灭，再用水降温是有效的救火方法。

干粉灭火器：碳酸氢钠干粉灭火器适用于易燃、可燃液体、气体及带电设备的初期火灾；磷酸铵盐干粉灭火器除可用于上述几类火灾外，还可扑救固体类物质的初起火灾。但是它们都不能扑救金属燃烧火灾。干粉灭火器扑救可燃、易燃液体火灾时，应对准火焰要部扫射，如果被扑救的液体火灾呈流淌燃烧时，应对准火焰根部由近而远，并左右扫射，直至把火焰全部扑灭。如果可燃液体在容器内燃烧，使用者应对准火焰根部左右晃动扫射，使喷射出的干粉流覆盖整个容器开口表面；当火焰被赶出容器时，使用者仍应继续喷射，直至将火焰全部扑灭。在扑救容器内可燃液体火灾时，应注意不能将喷嘴直接对准液面喷射，防止喷流的冲击力使可燃液体溅出而扩大火势，造成灭火困难。如果可燃液体在金属容器中燃烧时间过长，容器的壁温已高于扑救可燃液体的自燃点，此时极易造成灭火后再复燃的现象。若将它与泡沫类灭火器联用，则灭火效果更佳。

泡沫灭火器：用于扑救一般固体物质火灾外，还能扑救油类等可燃液体火灾，但不能扑救带电设备和醇、酮、酯、醚等有机溶剂发生的火灾。使用时，把灭火器倒过来，往火场喷。由于它生成二氧化碳及泡沫，使燃烧物与空气隔绝而灭火。

二氧化碳灭火器：二氧化碳灭火器主要用于扑救贵重设备、档案资料、仪器仪表、600 V 以下电气设备及油类的初期火灾。二氧化碳灭火器在灭火后不损坏仪器，不留残渣，对于通电的仪器也可使用，但对于金属镁燃烧时不可使用它来灭火。在使用时，应首先将灭火器提到起火地点，然后放下灭火器，拔出保险销，一只手握住喇叭筒根部的手柄，另一只手紧握启闭阀的压把。对没有喷射软管的二氧化碳灭火器，应把喇叭筒往上扳 70°～90°。同时，不能直接用手抓住喇叭筒外壁或金属连接管，防止手被冻伤。在室外使用二氧化碳灭火器时，应选择上风方向喷射；在室内窄小空间使用二氧化碳灭火器时，灭火后操作者应迅速离开，以防窒息。

在着火和救火时，若衣服着火，千万不要乱跑，因为这会导致空气的迅速流动而加剧燃烧，此时应当躺在地上滚动。这样，一方面可压熄火焰，另一方面也可避免火烧到头部。立即脱下衣服，马上以大量水（如用喷淋洗眼器大水量淋洗）扑灭也是行之有效的方法。

1.3　基础实验常用玻璃仪器

化学实验室经常需要进行化学试剂的制备、纯化、性质测定等操作，需要使用部分精密仪器、普通仪器和大量的容器。玻璃具有化学性质稳定、耐热性强、机械强度高、电绝缘性好等优点，并且具有无色透明便于观察实验现象，便于加工塑造实现不同功能形状的特点，是制造实验容器和仪器的最佳选择。本节重点介绍实验室常用玻璃仪器。

1.3.1　常用玻璃仪器的材质

基础化学实验经常用到容器、度量仪器、滴加溶液的仪器等，少量容器和精度要求不高的度量仪器采用普通塑料材质，特殊要求耐高温、耐酸碱腐蚀的采用聚四氟乙烯材质，煅烧试剂的仪器采用陶瓷材质，其他绝大部分的仪器采用玻璃材质。

玻璃仪器材质分为软质玻璃和硬质玻璃。软质玻璃耐温、耐腐蚀性较差，但价格便宜，一般用于制作如普通漏斗、量筒、抽滤瓶、干燥器等不需要加热耐温的常规仪器。硬质玻璃具有较好的耐温性和耐腐蚀性，制成的仪器可在温度变化较大的情况下使用，如锥形瓶、烧瓶、烧杯、冷凝管等。

1.3.2　常用玻璃仪器的规格

需要和其他仪器组合使用的玻璃仪器通常分为普通口玻璃仪器和标准接口玻璃仪器两类。其中，普通口玻璃仪器制作方便、价格便宜，但是与其他仪器组合使用时常通过橡皮塞和玻璃导管进行连接,目前大部分普通口玻璃仪器被标准接口玻璃仪器取代。

标准接口玻璃仪器是具有标准磨口或磨塞的玻璃仪器。标准接口玻璃仪器的口塞尺寸统一,磨砂密合,凡是同类规格的接口,均可任意互换,各部件能组装成各种配套仪器。如果碰到不同类型规格的部件无法直接组装时,可使用变径接头使之连接起来。使用标准接口玻璃仪器既可免去配塞子的烦琐,又能避免反应或产物被塞子沾污的危险。其口塞磨砂性能良好,密合性可达较高的真空度,对蒸馏尤其是减压蒸馏有利,对于毒物或挥发性液体的实验较为安全。

标准接口玻璃仪器,均按国际通用的技术标准制造。当某个部件损坏时,可以选配。

标准接口仪器的每个部件在其口、塞的上或下显著部位均具有烤印的白色标志,表明规格。常用的口径编号有10#、12#、14#、16#、19#、24#、29#、34#、40#等九种,同种口径的可以相互紧密连接,不同口径的则需要使用相应的玻璃转接头才能连接。

表1-1所示的是标准接口玻璃仪器的编号与大端直径。

表1-1　标准接口玻璃仪器的编号与大端直径

编号/#	10	12	14	16	19	24	29	34	40
大端直径/mm	10	12.5	14.5	16	18.8	24	29.2	34.5	40

有的标准接口玻璃仪器有两个数字,如10/30,10表示磨口大端的直径为10 mm,30表示磨口的高度。

1.3.3　基础实验常用玻璃仪器

图1-1所示的是基础化学实验室常用的玻璃仪器。

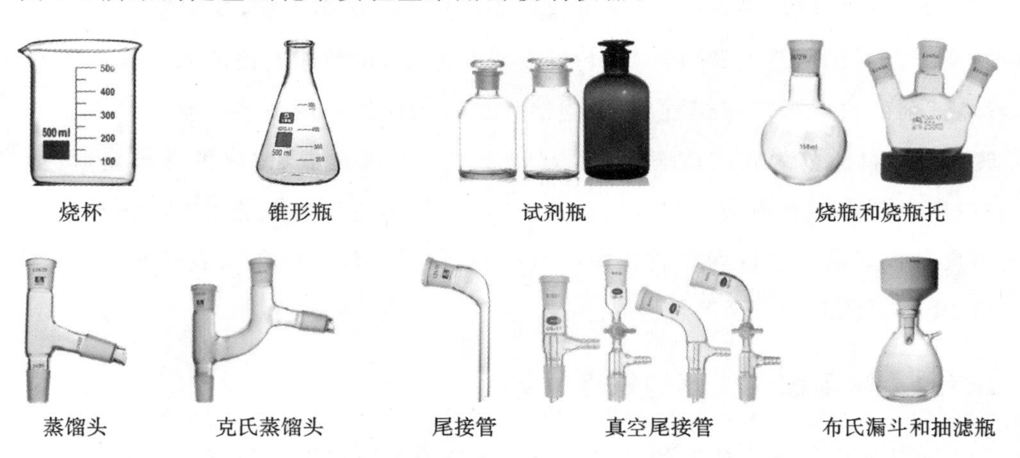

图1-1　基础化学实验室常用的玻璃仪器

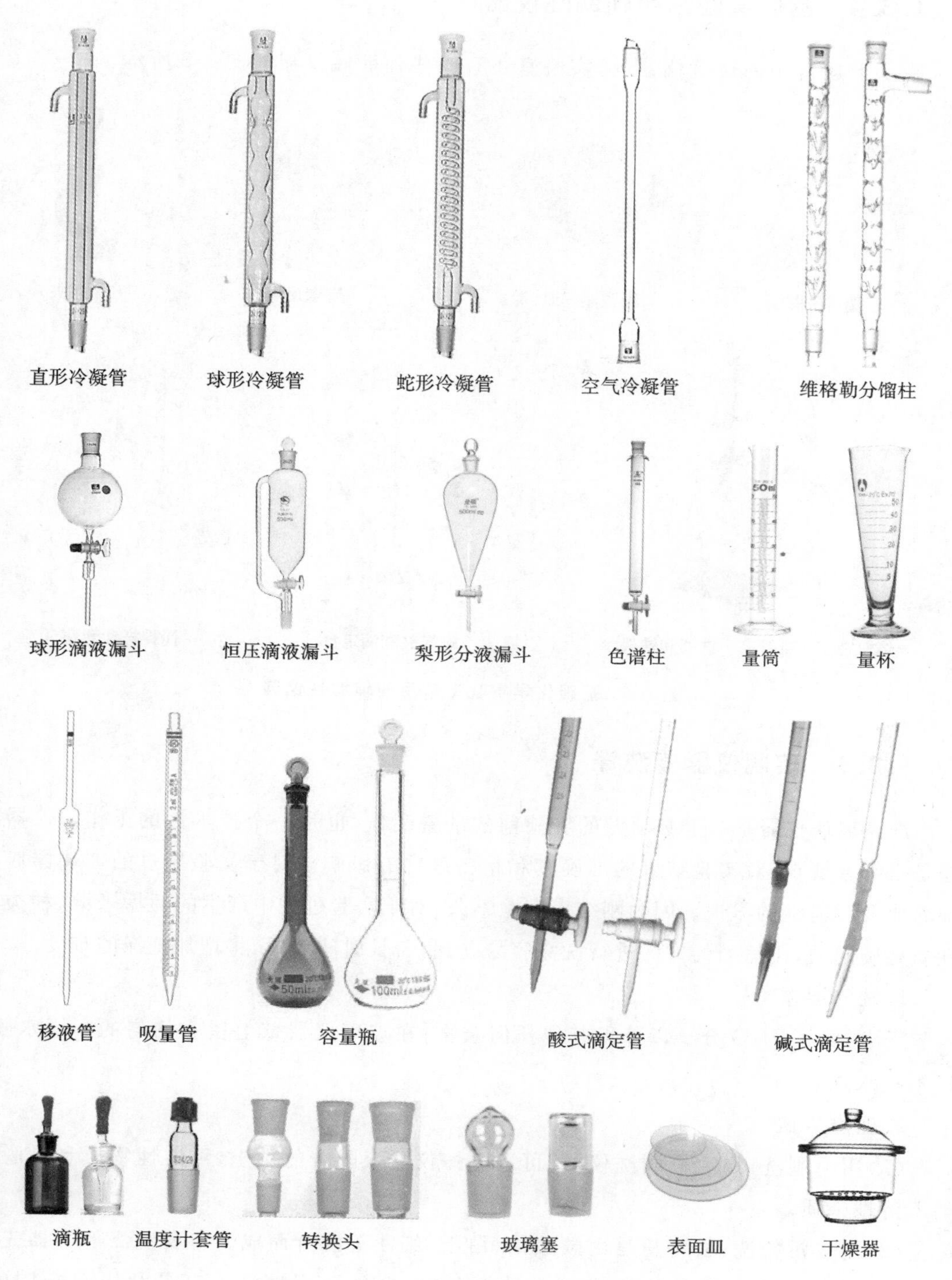
直形冷凝管
球形冷凝管
蛇形冷凝管
空气冷凝管
维格勒分馏柱
球形滴液漏斗
恒压滴液漏斗
梨形分液漏斗
色谱柱
量筒
量杯
移液管
吸量管
容量瓶
酸式滴定管
碱式滴定管
滴瓶
温度计套管
转换头
玻璃塞
表面皿
干燥器

续图 1-1

1.3.4　基础实验常用辅助性仪器

除了上述常用的玻璃仪器外，实验室还有一些辅助性仪器如图 1-2 所示。

图 1-2　基础化学实验室常用的辅助性仪器

1.3.5　玻璃仪器的洗涤

洗涤玻璃仪器是一个必须做的实验前的准备工作，也是一个技术性的工作。仪器洗涤是否符合要求，对实验结果的准确度和精密度均有影响。对于实验用过的玻璃器皿必须养成及时清洗的习惯。因为刚结束实验不久，对于实验过程中产生的污垢来源、种类和性质是确定的，用适当的方法进行洗涤容易办到，若长时间放置，将增加洗涤的难度。

1. 洗涤要求

干净：除了 H_2O 分子以外无其他任何杂物；在玻璃仪器壁上留有均匀的一层水膜，且不挂水珠。

2. 洗涤方法

(1)用毛刷洗：用毛刷刷洗仪器，可以去掉仪器上附着的尘土、可溶性物质和易脱落的不溶性杂质。

(2)用去污粉洗：去污粉是由碳酸钠、白土、细沙等混合而成。将要洗涤的容器先用水湿润(必须用少量水)，然后撒入少量去污粉，再用毛刷擦洗。它是利用碳酸钠(碱性)具有较强的去污能力，细沙的摩擦作用，以及白土的吸附作用，从而增强了对仪器的清洗效果。仪器内外壁经擦洗后，先用自来水洗去去污粉颗粒，然后用蒸馏水洗三次，去掉自来水中带来的钙、镁、铁、氯等离子。每次蒸馏水的用量要尽量少些，注意节约用水（采取“少量多次”的原则）。

(3)用铬酸洗液洗：这种洗液是由浓硫酸和重铬酸钾配制而成的，呈深褐色，具有强酸性、强氧化性，对去除有机物、油污等杂物的能力特别强。在进行精确定量实验时，对口小、管细，难以用刷子机械地刷洗仪器，可用铬酸洗液来洗，如移液管、酸碱滴定管。洗涤时，用洗耳球辅助吸入 3～5 mL 铬酸洗液，将仪器慢慢倾斜转动或者水平放置转动，使管壁全部被铬酸洗液湿润。铬酸洗液倒回原洗液瓶中，再用自来水把残留在仪器中的铬酸洗液洗去，最后用少量的蒸馏水洗三次。如果用铬酸洗液浸泡仪器或把铬酸洗液加热，其洗涤效果会更好。

使用铬酸洗液时，应注意以下几点。

①铬酸洗液具有很强的腐蚀性，会灼伤皮肤，破坏衣物，如不慎把铬酸洗液洒在皮肤、衣物和桌面上，应立即用水冲洗。配制及使用过程中应特别注意要在通风橱中进行，戴好防护镜和防护手套。

②尽量把仪器内的水倒掉，以免把铬酸洗液冲稀；铬酸洗液用完后应倒回原瓶内，可反复使用。

③已变成绿色（重铬酸钾还原为硫酸铬的颜色）的铬酸洗液，无氧化性，不能继续使用。

④由于铬（Ⅵ）有毒，清洗残留在仪器上的铬酸洗液时，第一、第二遍的洗涤水不要倒入下水道，应进行回收处理。

用以上几种方法洗涤后的仪器，再经自来水冲洗后，往往还残留 Ca^{2+}、Mg^{2+}、SO_4^{2-} 等离子，如果实验中不允许这些杂质存在，则应该用蒸馏水或去离子水把它们洗去。洗涤时，应按“少量多次”的原则，一般以三次为宜。已洗干净的仪器应清洁透明，当把仪器倒置时，器壁上只留下一层既薄又均匀的水膜，且器壁上不挂水珠。

凡是已经洗净的仪器，绝对不能用布或纸擦干，否则布或纸上的纤维将会附着在仪器上。

(4)根据所沾污物的特性，有针对性地选择合适的试剂清洗：附着在器壁上的二氧化锰或碳酸盐等污垢，可用盐酸洗涤；油脂和一些有机物（如有机酸），可以用碱性洗液和合成洗涤剂配成的浓溶液洗涤；胶状或焦油状的有机污垢用上述方法不能洗净时，可选用丙酮、乙醚、苯浸泡，但要加盖以免溶剂挥发，或选用 NaOH 的乙醇溶液。

通过上述方法清洗干净后，再用自来水把残留在仪器中的酸液、碱液或者有机溶剂洗去，最后用少量的蒸馏水洗三次。若用有机溶剂作为洗涤剂，使用后可回收重复使用。例如，MnO_2 选用 HCl 洗涤，Ag 选用 HNO_3 洗涤。

(5)用超声波清洗器清洗：超声波清洗是通过高频震荡将超声波的声能转换成机械能，这一过程产生的超声空化现象，在物体表面生成无数个气泡，并会在固液界面处发生空泡坍塌，同时产生剧烈温变及高压冲击固体，并不断地发生爆破，从而使污物层被分散、乳化、剥离，以达到清洗的目的。

用超声波清洗器清洗既省时又方便，还能有效清洗焦油状物，是目前清洗效果最好的方法之一。清洗干净后，用少量的蒸馏水洗三次。

1.3.6　玻璃仪器的干燥

清洗干净的仪器需要及时干燥备用，塑料类的仪器通常直接倒置自然风干，如图1-3所示。必须注意，当仪器洗得不够干净时，水珠不易流下，干燥效率就会较为缓慢。玻璃仪器除了倒置自然风干外，还有下列几种干燥方法。

1. 吹干

用气流烘干器或电吹风把仪器吹干。气流烘干器或电吹风能够通过常温或加热过的气流对玻璃器皿进行烘干，且不会在玻璃器皿中留下水渍。气流烘干器如图 1-4 所示。

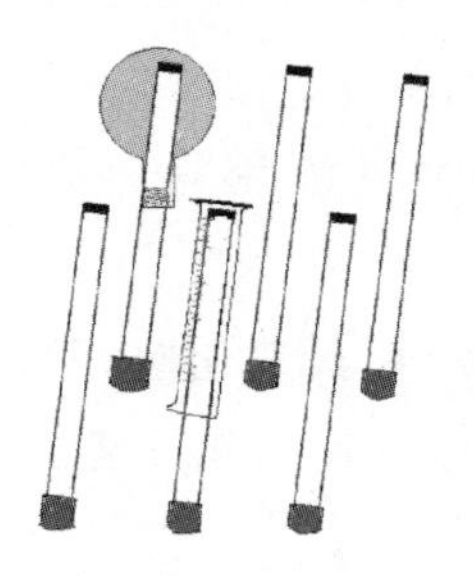

图 1-3　倒置自然风干

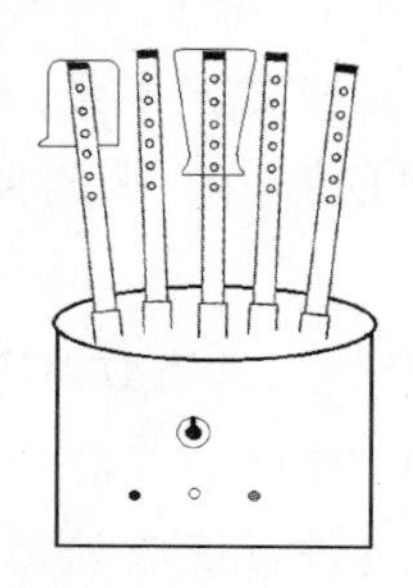

图 1-4　气流烘干器

2. 烘干

采用电热干燥箱(烘箱)烘干洗净的仪器可一次性烘干较多数量的仪器。仪器放进去之前应尽量把水倒净，放置仪器时，应注意使仪器的口朝下(倒置后不稳的仪器则应平放)，如图 1-5 所示。可以在电热干燥箱的最下层放一个搪瓷盘，收集从仪器上滴下的水珠，防止水珠滴到电炉底部而发生锈蚀。烘箱内的温度保持在100～105 ℃，约0.5 h。仪器待烘箱内的温度降至室温时才能取出，切不可把很热的玻璃仪器取出，以免发生破裂。容量瓶、分液漏斗等带有磨砂口玻璃塞或活塞的仪器，最好在清洗前用线绳把塞和管拴好，以免打破塞子或互相弄混，并且在干燥前也必须取下玻璃塞和活塞。当烘箱内已经有正在受热干燥的仪器时，先将该仪器移动到上层，再在下层放入湿的、需要干燥的仪器，以免水珠下落，使较热的器皿骤

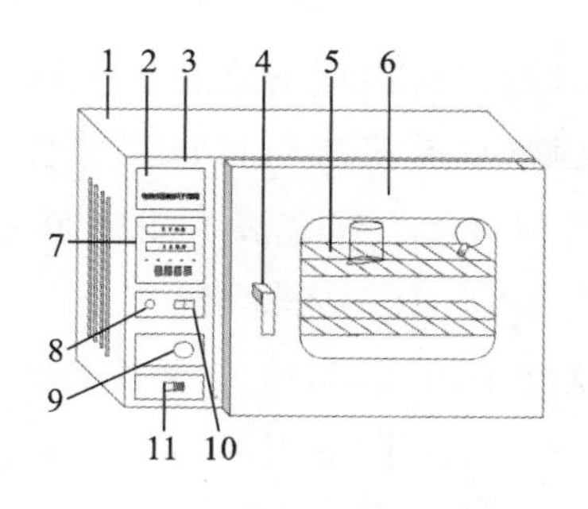

图 1-5　电热干燥箱(烘箱)

1. 箱体；2. 铭牌；3. 控制面板；4. 门拉手；5. 搁板；6. 箱门；7. 温度控制器；8. 电源指示灯；9. 风门调节旋钮；10. 电源开关；11. 风机开关

冷而破裂。

3. 烤干

烧杯或蒸发皿可以放在石棉网上用小火烤干。试管可以直接用小火烤干，操作时，试管要略为倾斜，管口向下，并时不时地来回移动试管，把水珠赶走。

4. 用有机溶剂干燥

一些带有刻度的度量仪器，不能用加热方法干燥，否则会影响仪器的精密度。我们可以用一些易挥发的有机溶剂（如酒精或酒精与丙酮的混合液）加到洗净的仪器中（量要少），把仪器倾斜，并转动仪器，使器壁上的水与有机溶剂混合，然后倾出，少量残留在仪器内的混合液将会很快挥发，使仪器干燥。

1.4 实验预习和实验报告

1.4.1 实验预习

为了达到预期的实验目标，实验前充分的预习和准备工作必不可少。在进入实验室前，提前查阅相关的文献和视频资料，了解实验的基本步骤、实验中可能遇到的问题和实验需要达到的目标，这样在实验的过程中就能做到有的放矢、从容不迫，更加深刻地理解实验的原理和实验设计的精妙之处，从而加深对实验中所涉及的知识点的理解，并能熟练运用。

常规预习建议阅读实验教材，了解实验目的和实验原理；了解实验的主要内容和实验中使用到的主要仪器及其使用方法；了解实验中的注意事项。

进一步可以思考课后思考题，预估实验中可能遇到的问题。

有条件的同学还可以通过网络平台观看相关实验的视频，进一步明确实验的具体操作步骤和操作细节。

1.4.2 实验报告

完成好一个实验，需要经历预习、听讲、实验操作、实验记录和实验报告分析等几个步骤。下面对部分步骤进行说明。

1. 实验记录

认真听课，领会实验原理和明确实验目的后，在实验过程中通过安全规范的操作完成实验工作，并且及时、准确地做好实验现象的记录，以及实验数据的收集工作。准确、完整的实验记录是写好一份实验报告的重要基础。

实验记录内容主要包括实验时间、实验地点、实验项目名称、操作步骤、实验现象、实验数据、实验结果、实验中的异常情况等。实验记录需要记录在专门的实验报告本规定的栏目中，不得随意记录。

对于实验过程中各种现象和数据的记录要及时、准确、描述清晰完整，不可事后再根据记忆追补，这样容易造成遗漏甚至错误记录，更不能擅改数据。

实验数据的记录要依据实验内容和实验仪器的精度进行记录，如温度计测温度的记录只需要达到仪器的最高精度，而滴定管等度量仪器测容积的记录，则需要在仪器最高精度的基础上估读一位，或者直接读取记录仪器数显的数据和对应量纲。

对于有平行实验设计的实验，需要设计实验数据记录表，将数据记录在表格对应的位置。对于实验数据记录错误或者偏离正常值太多的情况，舍去的数据需要用斜线划去，并在旁边备注。

2. 实验报告分析

实验报告的内容一般包括实验项目名称、实验目的、实验原理、实验仪器与试剂、实验内容、实验数据记录与分析，以及实验课后思考题等几个部分。

通过撰写实验报告，对实验过程和实验结果进一步分析、归纳和总结，有助于学生将实验过程中直观感性的认识提高到理性思维的高度，锻炼读写的能力和独立思考的能力，培养严谨的科学态度和实事求是的行事准则。

在实验报告的撰写中，实验记录和实验数据的分析是最重要的两项。实验数据的分析要严格按照实验数据的处理方法进行。

1.4.3 实验数据的处理方法

实验数据的来源由实验过程中仪器测量所得，分为自动采集和人工采集两种方式。自动采集需要和计算机联用，根据程序进行实时采集，在企业和科研院所实验室应用较为广泛。在基础化学实验室中，现阶段以人工采集为主，即通过仪器测定后人工及时记录数据。

数据部分可由仪器自带的数字显示屏显示，可以直接记录，部分需要人工读数读取。不论哪种方法获取的数据，都不可避免地存在误差，其区别只是误差的大小。

1. 定量分析中的误差

误差按其来源和性质可分为两类：系统误差和偶然误差。

系统误差是指在分析过程中由于某些固定的原因所造成的误差。

偶然误差是指在分析过程中由于某些偶然的原因所造成的误差，也叫随机误差或不定误差。

过失是由于工作中的粗心大意，或不遵守操作规程而造成的差错。

2. 准确度和精密度

准确度是指测定值（x）与真实值（x_T）之间相符合的程度。

精密度是指多次测定值之间相符合的程度，它是由偶然误差决定的。

3. 误差和偏差

(1)误差。

准确度的高低用误差衡量。

①绝对误差：

$$E = x_i - x_T$$

	称量质量	真值
样 1	1.8754 g	1.8755 g
样 2	0.1873 g	0.1874 g

$$E_1 = 1.8754 - 1.8755 = -0.0001\ (\mathrm{g})$$

$$E_2 = 0.1853 - 0.1854 = -0.0001\ (\mathrm{g})$$

②相对误差：

$$RE = \frac{E}{x_T} \times 100\% \text{ 或 } RE = \frac{x - x_T}{x_T} \times 100\%$$

$$RE_1 = \frac{-0.0001}{1.8755} \times 100\% = -0.0053\%$$

$$RE_2 = \frac{-0.0001}{0.18537} \times 100\% = -0.053\%$$

说明：相对误差更能反映测定的准确度。绝对误差、相对误差亦有正负。

(2)偏差。

在实际分析工作中，通常真实值并不知道，一般是取多次平行测定结果的算术平均值 $\overline{x}$ 来表示分析结果。精密度的高低用偏差衡量。

①绝对偏差：

$$d_i = x_i - \overline{x}$$

绝对偏差值有正、有负。

②平均偏差：

$$\overline{d} = \frac{1}{n} \sum_{i=1}^{n} |d_i|$$

③相对平均偏差：

$$R\overline{d} = \frac{\overline{d}}{\overline{x}} \times 100\%$$

例如，氢氧化钠标准溶液的标定试验，要求计算结果的相对平均偏差不大于 0.2%。

4. 提高分析结果准确度的方法

(1)选择合适的分析方法。

根据试样中待测组分的含量选择分析方法：高含量组分用滴定分析或重量分析法；

低含量组分用仪器分析法。

(2)尽可能采用精密仪器和规范读数，减少测量误差。

(3)增加平行测定次数，减少偶然误差。

(4)检验和消除系统误差。主要有如下几种方法：对照试验(标样，标准方法)——检验消除系统误差；校正仪器——消除仪器误差；空白试验——消除试剂误差；校正方法——消除方法误差。

5. 有效数字的修约与运算

在实际工作中进行测量时，要根据实际工作的要求选择不同精度的测量工具；在记录测量数据和进行相应的运算时，一定要正确地使用有效数字，使之不仅能表示所测量的大小，而且能正确地反映测量的准确程度。

1)有效数字

所谓有效数字，就是实际能测量的数字，通常包括由仪器直接读出的全部准确数字和最后一位估计的可疑数字。例如，对某物体使用分析天平测量其质量，结果为1.5000 g；若改用托盘天平称量时，其结果为 1.5 g。

这两个数字从数值的大小来看似乎是相同的，但所反映的测量的准确程度是不同的。前者反映了测量的准确程度准确到 0.0001 g 数量级，而后者仅反映了测量的准确程度准确到 0.1 g 数量级。

1.5000 中的“1”“5”和其后的两个“0”均是准确的，最后一个数字“0”是可疑的。而在 1.5 这个数字中，数字“1”是准确的，数字“5”是可疑的。

在有效数字中，数字“0”具有双重意义：

当“0”表示测量值时，它是有效数字；

当“0”用来定位，即用“0”表示小数点位数时，它是非有效数字。

也就是说，数字中间和数字后面的“0”是有效数字；而数字前面的“0”是非有效数字，只起定位作用。例如，测得以下数据：

试剂的体积	12 mL(量筒量取)	二位有效数字
试样的质量	0.6283 g(分析天平称取)	四位有效数字
滴定液体积	23.58 mL(滴定管读取)	四位有效数字
溶液的浓度	0.02080 mol/L	四位有效数字
溶液的浓度	0.10 mol/L	二位有效数字
被测物含量	56.12%	四位有效数字
平衡常数	$K=1.8\times10^{-5}$	二位有效数字
pH 值	12.08	二位有效数字
pH 值	5.1	一位有效数字

注意：

考虑 pH 值的有效数字时，因为 pH 值是氢离子浓度的负对数，所以 pH 值的有效数字位数只考虑小数点后数字个数。小数点前面的数字不是有效数字，因为它实际上只反映了氢离子浓度的数量级。

例如，pH＝4.30 表示 $c(H^+)=0.50\times10^{-4}$ mol/L。此处的 pH＝4.30 中的 4 与 $c(H^+)=0.5\times10^{-4}$ mol/L式中 10 的方次－4 中的 4 是对应的，而 pH＝4.30 中的小数点后的数字的数目才表示 $c(H^+)=0.5\times10^{-4}$ mol/L 式中数值的有效数字位数。类似的 pH、pOH 等对数数值的有效数字位数都仅取决于小数点后面数字个数。

化学计算中的自然数、倍数、分数、系数等，非测量所得，可视为无误差数字，其有效数字的位数是无限的。

2）有效数字的修约

有效数字修约——对分析数据进行处理时，必须合理保留有效数字并弃去多余的尾数。有效数字的修约规则：四舍六入五留双。

当尾数不大于 4 时舍弃；当尾数不小于 6 时进入；当尾数等于 5 且后面还有不为 0 的任何数时，则进位；当尾数等于 5 且后面数为 0 时，若 5 前面为偶数(包括 0)则舍，为奇数则入。简要可记为：4 舍 6 入5 留双，5 后非 0 必进 1；或者 4 舍 6 入，恰 5 留双，过 5 进 1。

例：将下列有效数字修约为 4 位有效数字

0.24684	0.57218	426.25	357.15	101.251
0.2468	0.5722	426.2	357.2	101.3

注意：

在修约有效数字时，必须一次修约到所需位数，不可分次修约。例如，将 0.1749 修约到两位有效数字，应一次修约到 0.17，不可先修约到 0.175，再修约到 0.18。

3）有效数字的运算

运算规则：一般“先修约，后运算”。

加减法——有效位数以绝对误差最大的数为准，即小数点后位数最少的数字为依据。

例如：50.1＋1.45＋0.5812＝？

在上述数据中，50.1 的绝对误差最大(0.1)，所以各数值及计算结果都取到小数点后第一位。即

$$50.1+1.45+0.5812\approx50.1+1.4+0.6=52.1$$

乘除法——有效位数以相对误差最大的数为准，即有效位数最少的数字为依据。

例如：2.1879×0.154×60.06＝？

各数的相对误差分别为：

$$1/21879\times100\%=0.005\%$$

$$1/154\times100\%=0.6\%$$

$$1/6006\times100\%=0.02\%$$

上述数据中，有效位数最少的是0.154，其相对误差最大，因此，计算结果也只能取三位有效数字。所以有

$$2.1879\times0.154\times60.06\approx2.19\times0.154\times60.1=20.3$$

若保留的有效数字位数首位是8或9时，在进行乘除运算时则应多保留一位。例如，9.00、9.85虽只有三位有效数字，在进行乘除运算时可视为四位有效数字。

例外，如果实验数据量大需要计算器处理大量的数据时，只需要对最后计算结果的有效位数进行修约。

百分数形式等计算结果有效数字的保留：高含量组分＞10％，保留四位有效数据，如27.60％；中含量组分在1％～10％之间，保留三位有效数据，如5.04％；低含量组分＜1％，保留两位有效数据，如0.33％、0.0049％。

表示误差或偏差时，一般只保留一位，最多保留两位。例如，±0.01。

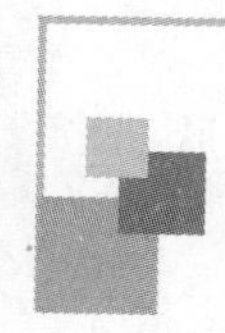

第2章　基础实验中的基本操作技术

2.1　试剂的规格和取用原则

化学试剂是对在化学试验、化学分析、化学研究及其他实验中使用的各种纯度等级的化合物或单质的总称。

2.1.1　化学试剂的规格

化学试剂品种繁多，目前其分类方法在国际上尚未统一，标准不同分类也不同。

按照化学试剂一级划分分为标准试剂、生化试剂、电子试剂、实验试剂四个大类。按“用途—化学组成”分类，在我国1981年编制的化学试剂经营目录中，将8500多种试剂分为十大类，每类下面又分若干亚类。而按“用途—学科”分类，1981年中国化学试剂学会提供按试剂用途和学科分类，将试剂分为八大类和若干亚类。基础化学实验室在采购试剂时，通常按照试剂标签上杂质含量的多少分类采购，详细情况如表2-1所示。

表2-1　国产试剂规格和试剂标签标记

级别	中文标记	英文标记	标签色带颜色
一级	优质纯试剂	GR	深绿色
二级	分析纯试剂	AR	红色
三级	化学纯试剂	CR	蓝色
四级	实验或工业试剂	LR	黄色

2.1.2　试剂取用准备工作和注意事项

应充分了解取用试剂的性质、状态、浓度等基本信息。由于不同状态的试剂其取用方法、定性与定量等不同，取用目的、取用的方法、策略和使用的器具也不同，为保证取用试剂的安全性，还要了解试剂的危险性和特殊性，如有必要应事先采取必要的安全防护措施。

(1)根据取用试剂的要求，准备的药勺、量器和取用后存放试剂的器具等，要求其洁净、无污染。对于无水操作实验，还应事先干燥所用的器具。

(2)量取化学试剂，特别是有毒试剂时，必须戴防护手套，尽可能避免皮肤直接接触。

(3)不同规格的化学试剂，其纯度和杂质的含量都各不相同，其价格也相差很大。作为有机合成原料来说，并不要求化学原料试剂的纯度达到100%。对于每个有机化学反应来说，都有其最低的纯度要求，只要能达到这一要求就能选用。为了节约成本，在不影响实验结果的前提下，应尽量选用低规格的试剂。

(4)取用前，首先看清试剂名称和规格是否符合要求，以免领错。新领取的试剂必须标明领用日期、领用人。一瓶使用完后再开新的，对未使用过的溶剂、试剂一定要查明其相关性质，如温度、湿度等敏感性及潜在危险性。

(5)在拿取试剂时，一定要看清标签上的名称、规格，并要注意有无“剧毒”“易燃”“易爆”等危险品标志。这些试剂在开瓶和使用时必须严格按照操作规程进行，不得乱倒乱放。

2.1.3　固体试剂的取用规则

(1)要用干净的药勺取用。用过的药勺必须洗净和擦干后才能再次使用，以免污染试剂。

(2)取用试剂时，试剂瓶盖开口向上放置在干净的实验台面上，取用后立即盖紧瓶盖。

(3)称量固体试剂时，必须注意少量多次，尽量不要多取；多取的药品，不能倒回原瓶。

(4)一般的固体试剂可以放在称量纸或表面皿上称量。具有腐蚀性、强氧化性或易潮解的固体试剂不能在纸上称量，而应放在玻璃容器内称量。用药勺往称量纸或容器转移试剂最后定量时，药勺置于上方中间的位置，左手轻扣持药勺的右手手腕处，使试剂慢慢少量洒落。

(5)有毒的药品要在老师的指导下处理。

2.1.4　液体试剂的取用规则

(1)从滴瓶中取用液体试剂时，要用滴瓶中的滴管取用，且滴管绝不能伸入所用的容器中，以免接触器壁而污染试剂。从试剂瓶中取少量液体试剂时，需要用贴有标识的专用滴管。移取试剂过程中，滴管不得横置或滴管口向上斜放，以免液体滴入滴管的胶皮帽中。

(2)从细口瓶中取出液体试剂时，选用倾注法。先将瓶塞取下，反放在桌面上，手握住试剂瓶上贴标签的一面，逐渐倾斜瓶子，让试剂沿着洁净的试管壁流入试管或沿着洁净的玻璃棒流入到试管、烧杯等容器中。取出所需量后，将试剂瓶细口挨着试管或玻璃棒上靠一下，再逐渐竖起瓶子，让遗留在瓶口的液体回流到瓶内。

(3)进行某些不需要准确体积的实验时，可以采用滴几滴的方式或者观察烧杯等容器标注的刻度。例如，用滴管取用液体时，1 mL 相当于 20 滴。试管中加入溶液时，一般不要超过试管容积的 1/3。

(4)定量取用液体时，精确要求高的用移液管和滴定管取用，要求低一些的用量筒量取。

2.1.5　气体的使用

实验过程中用到的气体通常是储存在钢瓶中的气体。国家规定存放各气体钢瓶瓶身的颜色和字体颜色如表 2-2 所示。

表 2-2　气体钢瓶颜色标记方法

气体类型	氧气	氮气	压缩空气	氯气	氢气	氨气	石油液化气
瓶身颜色	天蓝色	黑色	黑色	草绿色	深绿色	黄色	灰色
字体颜色	黑字	黄字	白字	白字	红字	黑字	红字

储存钢瓶时必须使储存地点远离热源，保持阴凉和干燥，瓶身避免与强酸、强碱接触，且按规定定期对钢瓶进行试压检测。钢瓶储存可燃性气体的开关螺纹是反向的，而钢瓶储存不燃性或助燃性气体的开关螺纹是正向的。

取用钢瓶中气体时，必须使用减压表。减压表一般由指示钢瓶压力的总压力表、减压网(控制压力)和分压力表(减压后的压力)三部分组成。操作时，先将减压阀旋至关闭状态(即最松位置)，然后打开钢瓶的气阀门，瓶内的气压会在总压力表上显示，慢慢旋紧减压阀，使分压力表达到所需压力。使用完毕后，应先关紧钢瓶的气阀门，待总压力表和分压力表的指针复原到零时，再关闭减压阀。

2.2　称量操作

2.2.1　电子天平的基本构造

应用现代电子控制技术进行称量的天平称为电子天平。各种电子天平的控制方式和电路结构不相同，但其称量的依据都是电磁力平衡原理，用于称量物体质量。精度达到 0.1 mg 的电子天平通常称作分析天平。

电子天平和分析天平的结构示意图，如图 2-1 所示，分析天平比电子天平更加精密，多了 12～14 的称量室部分，另外操作面板部分的功能键更丰富。

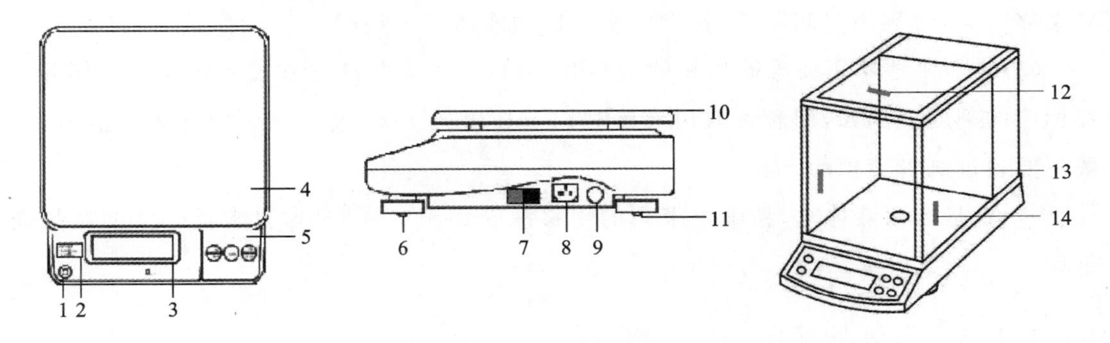

图 2-1　电子天平和分析天平的结构示意图

1—水准仪；2—铭牌；3—显示屏；4—秤盘；5—操作面板；6—前水平调节螺丝；7～9—电源及电脑设备接口；10—称量托盘；11—后水平调节螺丝；12～14—分析天平称量室玻璃保护罩和可开关的上、左、右侧推拉门（玻璃门）

作为使用者，需要认识电子天平的水准仪、操作面板、秤盘、水平调节螺丝、显示屏、铭牌等部件。分析天平因为精确度非常高，还配有称量室玻璃保护罩和可开关的上、左、右侧推拉门（玻璃门）。

在电子天平的底座有三个水平调节螺丝，和水准仪一起用于调节天平水平。不同厂家生产的电子天平水准仪的位置会有所差异。

部分厂家的铭牌分为前后两块，一般前面的铭牌会标注电子天平的型号、最大量程和称量精度等参数，后面的铭牌会标注生产厂家和生产时间等信息。

电子天平的操作面板包括开关键（ON/OFF 键、POWER 键、⏻ 键）、归零/去皮键（O/T 键、TARE 键）、切换测量单位键，部分还包括灵敏度校准/菜单设置键、联机打印机或计算机键等。不同型号的电子天平的操作面板的设计和按键组合略有不同，详情需要查看相应的使用说明书。

将被称物体放在电子天平的秤盘中，几秒内即可达到平衡，显示读数。电子天平具有称重速度快、精度高的特点，还具有自动校正、自动去皮、过载指示、故障报警等功能。分析天平通常具有质量电信号的输出功能，可以与打印机和计算机相结合，进一步扩展其功能，如计数称重的最大值、最小值、平均值和标准差。

2.2.2　电子天平的使用方法

电子天平的型号众多，但是其基础使用方法大同小异，使用的步骤如下。

(1)调节天平水平：观察水准仪中的气泡是否在中心小圈区域，若在则表明天平所处状态是水平状态，否则需调整水平调节螺丝使气泡移动到水准仪中心。在电子天平的底座中，三个水平调节螺丝呈等腰三角形排列。其中，顶点的螺丝是固定不动的，其他两个可以调节的螺丝若顺时针旋转则该点位升高，若逆时针旋转则该点位降低。水准仪中的气泡偏向哪个方向则表明哪个方向偏高。

(2)开机预热：接通电源，按下开关键进行预热，此时显示器全亮，约2 s后，显示天平的型号，然后进入称量模式。精度不同则显示数值不同，如分析天平精度达到0.1 mg，显示0.0000 g。对于分析天平，读数时应关上称量室玻璃门。不同型号的电子天平的预热时间都需要查看使用说明。常规电子天平至少需要预热30 min，分析天平需要的预热时间更长。

(3)校准：电子天平在第一次使用前，都需要用标准砝码进行校准。分析天平在存放时间较长、位置移动、环境变化或未获得精确测量等情况下，也需要进行校准。不同型号的电子天平的校准方法具体参考使用说明书。

以称量纸盛放和分析天平称量为例。

(4)称量：称量前观察天平的最大使用量程，结合试剂的情况选用称量纸或者小烧杯等盛放试剂。打开侧玻璃门并在天平托盘上放置好称量纸，关上侧玻璃门后轻按归零/去皮键，显示屏显示0.0000 g；打开侧玻璃门并将试剂轻轻倒在称量纸中间，关上侧玻璃门，当显示屏数据稳定时，显示值即为被称量物质的质量，可读取数据。

(5)归零：读取完数据后，将秤盘上的所有物品拿开，天平显示负值，关上侧玻璃门再次按归零/去皮键，天平显示0.0000 g。

(6)关机：称量结束后，若较短时间内还需要继续使用天平(或其他人还要继续使用天平)，一般不用按OFF键关闭显示器。实验全部结束后，按开关键至显示屏显示【OFF】，即显示屏关闭。若当天不再使用该天平，应拔下电源插头。

2.2.3 电子天平的日常维护和使用注意事项

清洁天平的外壳应使用柔软的布加中性洗涤剂擦洗，并用干布擦净。经常保持天平内部清洁，必要时用软毛刷或绸布抹净或用无水乙醇润湿的软棉布擦净、晾干。不得让液体进入天平壳体中。不锈钢称盘与屏蔽环可取出，使用中性洗涤剂和水彻底清洗并晾干。分析天平称量室内应放置干燥剂，常用变色硅胶，且定期更换。

称量时，要提前查看天平量程和预估待称量物品的质量，可分次称量，但不能超过天平的最大载荷量。天平不能称量较热的物体；腐蚀性或吸湿性的物体必须放在密闭容器中称量；不能让被测物体从高处掉落到秤盘，保持轻拿轻放；不能使用尖锐物按键，最好用手指按键。使用天平后，应填写使用记录。若发现天平有问题，其修理工作必须由受过培训的维修技术人员进行，不可以自己擅自修理，以免引起更严重的损坏。

2.2.4　称量方法(直接称量法和减量法)

直接称量法是指将称量量程内的待称量物，直接放置到已经校正和归零去皮后的天平托盘中，或在天平托盘中提前放置称量纸、表面皿等容器且归零去皮后，采用逐步添加的方式添加试剂，待显示器数值稳定后，即为待称量物对应的质量。直接称量法适用于称量在空气中性质稳定(不易潮解、风化或升华等)的固体试剂、液体试剂以及干燥的器皿。

减量法适用于易吸水、易与空气中的二氧化碳等物质发生反应的物质。称量容器一般选用称量瓶。减量法称量前先将试剂放于称量瓶中，用天平称量出总质量 $m_{总}$；将部分试剂取出并置于干净容器中，操作方法如图 2-2 所示。称量称量瓶和瓶中剩余试剂质量 m_1、$m_{总}$ 与 m_1 的质量差，即取出部分试剂的质量。可多次取出，直至 $m_{总}$ 与称量瓶和瓶中剩余试剂质量之差符合所需试剂质量要求为止。注意每次取出应少量并多次称量，不可使得 $m_{总}$ 与称量瓶和瓶中剩余试剂质量之差超出要求的质量范围。

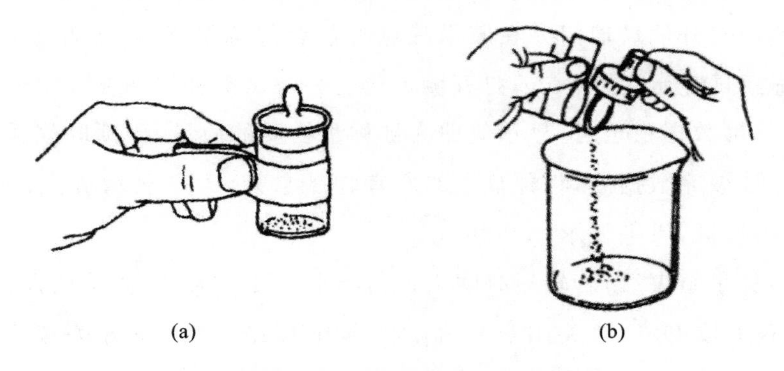

图 2-2　称量瓶拿法和固体试剂取出操作图

2.3　基本度量仪器的使用

2.3.1　移液管

1. 移液管的分类

移液管有两种形式：球形移液管(也称大肚吸量管)和刻度移液管(也称吸量管)。球形移液管中间部分有一膨出球部，在球部上方的细窄的管径上标有一装液标线，对应球部文字标注的容积。刻度移液管则在管侧标有容积范围内的分刻度。

2. 移液管的洗涤

备用的清洁移液管在使用前用待移取液润洗 2 至 3 次，以确保所移取溶液的浓度不变。

不够洁净的移液管在使用前，应先用铬酸洗液洗涤，以除去管内壁的油污，然后用自来水冲洗残留的洗液，再用洗瓶中蒸馏水冲洗干净内外壁管。洗净后的移液管内壁应不挂水珠。移取溶液前，应先用滤纸将移液管末端内外的水吸干，然后用待移取液润洗 2 至 3 次，以确保所移取溶液的浓度不变。

洗液洗涤和待装液润洗方法，如图 2-3(a)所示。右手拇指及中指捏住移液管的上端无刻度部分，将其下端伸入待移取液液面下 1～2 cm 处，左手将挤捏排气后的洗耳球尖嘴对准移液管上端管口不漏气，控制松手指速度来控制洗液速度和吸液量，将液体吸入管中，如图 2-3(a)所示。先吸取少量液体(3～5 mL)，并及时移走洗耳球，用右手食指指肚盖住移液管上端管口，移出移液管后用右手横向拿住，左手配合拿住移液管靠上的位置(不可接触下端靠近尖嘴的部分)，双手配合缓慢转动同时轻轻抖动移液管，使待移取液充分浸润移液管有刻度部分的内壁，然后将管内液体从下端尖嘴放出。洗液要放回原洗液瓶中，待装液不得放回原试剂瓶，而是要放到废液回收桶中回收。

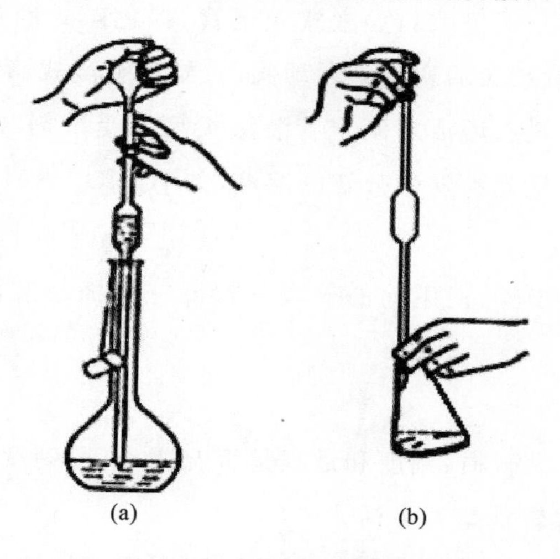

图 2-3 移液管的吸液和放液操作

3. 移液管的使用

移液管的使用基本步骤：使用前的检查→润洗 2 至 3 次→移取液体→转移液体至接受液体的容器。

使用前的检查主要是查验尖嘴处有无破损、刻度和量程是否合适，以及刻度是否清晰可读。

移取液体的方法与润洗的方法相同，把液体吸至高于所需刻度处，迅速用右手食指指肚按住管口，将移液管提离液面，使眼睛视线和液体弯液面保持水平。稍微松动食指，使液面慢慢下降，直到液面最低处与刻度线水平相切时，立即按紧食指。此时，如有悬挂的液滴，可将移液管的尖端与瓶内壁接触，使液滴落下，然后从试剂瓶取出移液管，保持移液管直立，并平移至准备接受液体的容器中。如图 2-3(b)所示，接受液体的容器略微倾斜，让移液管尖端紧靠容器内壁，使容器倾斜而移液管保持直立。放开食指让液体自然流下，待移液管内液体全部流尽后，停留 5 s 再移开移液管。

2.3.2 滴定管

1. 滴定管的类型

滴定管分为酸式滴定管和碱式滴定管。在构造上，酸式滴定管下端使用玻璃活塞做制动阀门，来控制液体的滴加；而碱式滴定管下端使用内带玻璃珠的乳胶管做制动阀门，来控制液体的滴加。酸式滴定管不能装碱性溶剂，如 NaOH、Na_2CO_3 等，否则会腐蚀下端玻璃活塞；碱式滴定管不能装酸性溶剂和强氧化性溶剂，如 HNO_3、$KMnO_4$ 等，否则会腐蚀下端乳胶管。一般来说，溶液是酸性的，使用酸式滴定管；溶液是碱性的，使用碱式滴定管。但如果溶液是强氧化性的碱性溶液，则只能使用酸性滴定管。细分的话，还有棕色酸式滴定管、无色(白色)酸式滴定管、棕色碱式滴定管和无色(白色)碱式滴定管，以及使用聚四氟乙烯活塞作为制动阀门、结构与酸式滴定管一样的改良新型滴定管。其中改良型聚四氟乙烯活塞滴定管装液类型不受试剂酸碱性和氧化性等限制，而深色的滴定管用于装见光易发生分解的溶液，如 $AgNO_3$、$KMnO_4$ 等。

2. 滴定管的使用

滴定管的使用基本步骤：使用前的检查→检漏→洗涤→装液→逐泡→定容→滴定→读数。

1）使用前的检查

主要查验尖嘴处有无破损、刻度和量程是否合适，以及刻度是否清晰可读。对于酸式滴定管还要检测活塞转动是否灵活。

若酸式滴定管在使用前发现活塞转动不灵活，则需要提前拆下滴定管的活塞涂油。涂油前先用滤纸吸干活塞槽、活塞上的水，可以把少许凡士林涂在活塞的粗头一边，再把少许凡士林涂在塞槽的细头一边，或者把少许凡士林涂在活塞的两头(切忌堵住小孔)。油脂涂抹要适当，涂得太少，活塞转动不灵活，且易漏水；涂得太多，活塞孔容易被堵塞。油脂绝对不能涂在活塞孔的上下两侧，以免旋转时堵住活塞孔。将活塞插进塞槽后，向同一方向旋转活塞多次，直至从外面观察全部透明且检漏不漏水为止。最后用乳胶圈套在活塞的末端，以防活塞脱落、破损。

碱式滴定管在使用前应检查乳胶管和玻璃珠是否完好。若乳胶管老化，玻璃珠过大(难以挤捏出乳胶管和玻璃珠之间的间隙通道)或过小(漏水),应予更换。

2)检漏

洗涤前应检查滴定管是否漏水。

检漏方法:对于酸式滴定管,先关闭活塞再装水至 0 标线或略超过,直立约 2 min,仔细观察是否有水珠滴下或者活塞处是否渗漏液体,然后转动活塞 180°,再直立 2 min,观察有无水滴,可用干滤纸吸水检测。对于碱式滴定管,装水至 0 标线或略超过后,直立 2 min,观察是否漏水即可。

若酸式滴定管漏水或活塞转动不灵活,应拆下活塞,重新涂凡士林,如果还是漏水则更换滴定管。碱式滴定管漏水可更换玻璃珠或乳胶管。

3)洗涤

滴定管在使用前必须洗干净,在装入标准溶液前,应先用该标准溶液润洗滴定管 2 至 3 次,每次使用 5～10 mL 的标准溶液。

先用自来水冲洗,酸式滴定管在冲洗时,需要打开下方活塞放出清洗液,同时清洗活塞下方的尖嘴部分;碱式滴定管需要用大拇指和食指顺着玻璃珠最大半径处向内/向外挤捏乳胶管,在玻璃珠和乳胶管之间形成间隙通道放出洗涤用水,顺便洗净玻璃珠下方的乳胶管和玻璃尖嘴部分。若自来水洗不净,则用滴定管刷(特别的软毛刷)蘸合成洗涤剂刷洗,但不能让铁丝部分碰到管壁。若用上述方法还不能洗净时,可用酸性重铬酸钾洗液洗,或者根据具体的沾污情况,采用针对性洗涤液进行洗涤。

用铬酸洗液洗涤酸式滴定管时,关闭活塞,从上口处加入少量洗液,将滴定管放平后边转动边轻微抖动,管口放置在铬酸洗液瓶上方操作,同时尽量防止洗液撒出。洗净后,将洗液从管口倒回原瓶,最后打开活塞将剩余的洗液从出口管倒回原洗液瓶中。用铬酸洗液洗涤碱式滴定管时,需要除去乳胶管,换用塑料乳头堵住碱管下口进行洗涤,操作手法同酸式滴定管的洗涤。

用各种洗涤剂清洗后,还需要用自来水充分洗净洗液,再将管外壁擦干,观察内壁是否挂水珠来判断滴定管是否洗净。若滴定管已经洗净,则用洗瓶中的蒸馏水再冲洗 2 至 3 遍,用少量待装液润洗 3 遍,润洗的操作方法同洗液洗涤方法。

在用自来水冲洗、蒸馏水清洗和待装液润洗碱式滴定管时,应特别注意玻璃珠下方的乳胶管的清洗,在挤捏乳胶管时,应不断改变方位,使玻璃珠的四周和下方的乳胶管都能被冲洗到。

4)装液

向滴定管装入标准溶液时,宜由储液瓶直接倒入,而不要借用其他器皿,以免污染标准溶液或将其浓度改变。装液时,滴定管口略倾斜,装液量要超过 0 刻度线。

5)逐泡

装满溶液的滴定管,应先将尖嘴部分的气泡排除。酸式滴定管可通过迅速旋转活塞,使溶液快速流出,并将气泡带走。为了液体迅速充满尖嘴部分,可将滴定管略倾斜并在快速放液时抖动滴定管,从而减少气泡对管壁的附着。碱式滴定管的逐泡操作,如图 2-4 所示。可左手持滴定管并倾斜 45°,右手将滴定管尖嘴部分抬高使乳胶管部分弯曲,尖嘴上斜与水平呈 30°至 45°,挤捏乳胶管,在乳胶管和玻璃珠之间产生通道并与主管形成 U 形连通管,从而使液面上升,即可排除气泡。

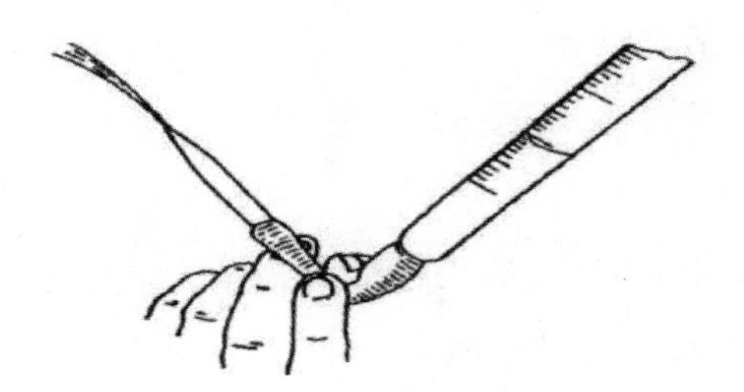

图 2-4　碱式滴定管的逐泡操作

6)定容

逐泡后如果液面低于 0 刻度线,则需要补加液体至 0 刻度线或者超过 0 刻度线,通过控制滴定管下端的控制阀门(酸式滴定管的活塞、碱式滴定管的乳胶管和玻璃珠)放出部分液体至备用小烧杯,使滴定管中液体的最低凹液面与滴定管的 0 刻度线保持水平。如果定容后发现尖嘴下端有液滴悬而未滴,需要将备用小烧杯倾斜使其内壁靠在尖嘴上,将悬而未滴的液体沾在备用小烧杯内。

7)滴定

使用滴定管时,将它夹在滴定台蝴蝶夹的右侧。对于酸式滴定管,如图 2-5 所示,用左手控制活塞,将滴定管卡于左手虎口处,掌心朝下并朝向自己,此时大拇指和其他手指分列滴定管靠近自己的前方和远离自己的后方。顺势用无名指或小指头指肚回勾,由下朝上用力紧扣在位于滴定管左侧的活塞小头部分的下方,和上方紧贴滴定管的虎口一起,成为整个左手其他部分用力的支撑点。然后顺势用食指、中指和大拇分别从前后控制位于滴定管右侧的活塞大头部分的活塞栓,通过旋动活塞栓控制滴落液体的量,从而防止在转动过程中因活塞松动而漏液。注意掌心不可接触活塞的小头部分,防止将活塞顶松而漏液。对于碱式滴定管,如图 2-6 所示,用左手控制滴液,将滴定管卡于左手虎口处,掌心朝内,大拇指和食指顺着玻璃珠最大半径处向内/向外挤捏乳胶管,在乳胶管和玻璃珠之间产生通道,让溶液自玻璃管嘴中流出。亦可同时用中指和无名指夹住尖嘴的下端,防止尖嘴因乳胶管弹性乱晃。滴定时,右手大拇指、无名指和小指头在内侧,食指和中指在外侧,五个指头捏住锥形瓶瓶颈,依靠手腕用力摇振锥形瓶,保

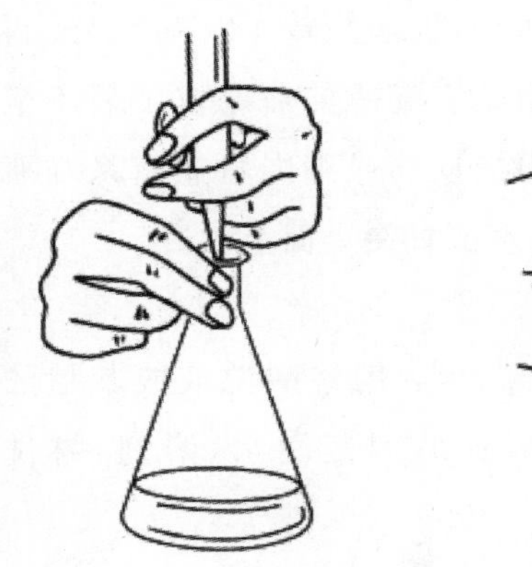

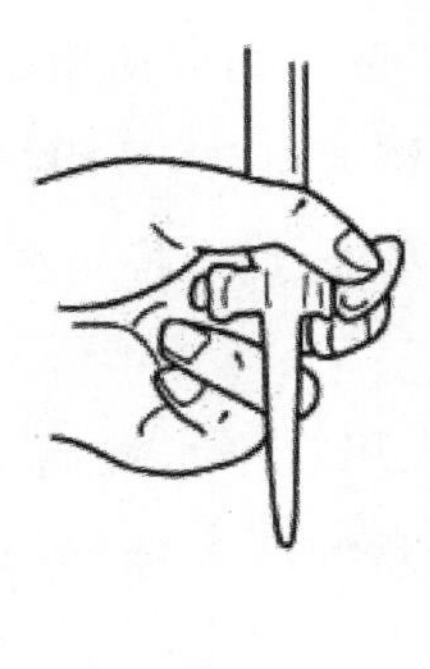

图 2-5　酸式滴定管的滴定操作

图 2-6　碱式滴定管的滴定操作

持瓶口中心位于滴定管尖嘴的下方，使瓶内液体旋转并充分与滴落液体混合，从而使之快速反应。一般来说，在滴定的前期滴定剂滴落的速度可以快一点，做到下方指示剂颜色变化消失即可滴入下一滴；当下方锥形瓶中指示剂发生大面积颜色变化表明快要接近滴定终点，需要放慢滴加速度，加大锥形瓶摇振速度；指示剂颜色变化变慢表明接近滴定终点，需改用半滴操作：控制滴加速度在滴定管下端形成半滴液滴，移近锥形瓶用内壁沾下液滴，再用洗瓶吹洗入锥形瓶内。

8）读数

读数时，用右手大拇指和食指捏住滴定管上端无刻度处，让滴定管自由垂直，待溶液稳定 30 s，使附着在内壁上的溶液流下后再读取数值。抬高滴定管使视线与液体的最低凹液面保持水平，读取与凹液面最低处相切的刻度。如果凹液面不清楚，可在滴定管后面衬一张白纸，便于观察。如果溶液颜色太深，或使用的是棕色的滴定管，不能观察到凹液面时，可读取凹液面两侧最高点，定容时的初读数与滴定后的终读数取同一标准即可。

2.3.3　容量瓶

容量瓶是细颈梨形瓶底玻璃瓶，有棕色和无色之分，配有磨口塞，瓶颈部有一圈容量标线，是用来配制一定体积（或一定浓度）溶液的容器。

1. 容量瓶的使用

容量瓶的使用：检漏→洗涤→溶液的配制和转移→定容→摇匀。

1）检漏

加自来水至标线附近，盖好瓶塞，用右手食指按住瓶塞（容积较大的容量瓶则用食指和掌心交接处按住瓶塞），其余手指拿住瓶颈标线以上部分，左手手指肚托住瓶底边缘，两只手的大拇指均在容量瓶左侧，方便将瓶倒立，如图 2-7 所示。倒立容量瓶 2 min，看其是

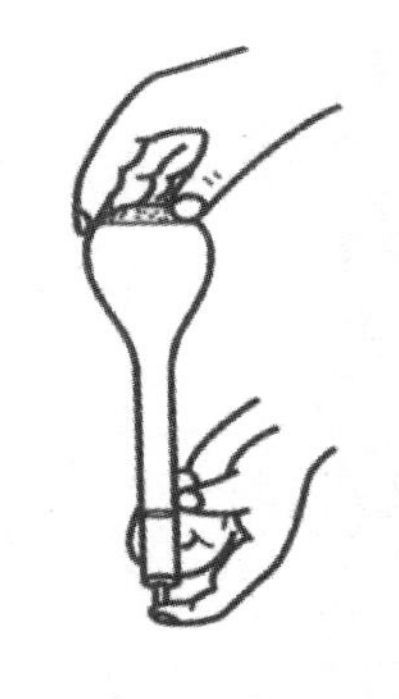
图 2-7 容量瓶检漏

否漏水，可用滤纸片检查。将瓶直立，取下瓶塞并转 180°后盖好，再次重复前述操作，如仍不漏水则可使用。容量瓶的瓶塞取下后不应随意乱放，以免沾污、搞错或打碎，可用橡皮筋或细绳将瓶塞系在瓶颈上。若瓶塞为平顶的塞子，也可将瓶塞倒置在桌面上放置。

2)洗涤

容量瓶在使用前，先用自来水洗涤，然后用铬酸洗液或其他的洗液洗涤，再用自来水充分洗去洗液，最后用蒸馏水(溶剂)淋洗 3 次。

3)溶液的配制和转移

由固体配制一定浓度的溶液时，以配置水溶液为例，准确称取试剂置于小烧杯中，用少量蒸馏水将固体物质溶解(必要时可加热溶解)，冷却至室温后，将溶液定量转移到容量瓶中。定量转移溶液的操作方法，如图 2-8 所示，右手捏着玻璃棒，将玻璃棒伸入容量瓶口中，玻璃棒的下端靠在瓶颈内壁上，玻璃棒不可接触瓶口；左手拿烧杯，使烧杯嘴紧贴玻璃棒，让溶液顺着玻璃棒进入瓶口再沿内壁流入容量瓶中，此操作称为玻璃棒引流。在玻璃棒引流操作中需要选择粗细合适的玻璃棒，若玻璃棒太粗，在瓶口处液体容易洒出。烧杯中的溶液转移完后，要避免杯嘴与玻璃棒之间的溶液流到烧杯外面。玻璃棒和烧杯内壁残留的溶质需要用少量蒸馏水冲洗，再用玻璃棒引流转移到容量瓶中。洗涤玻璃棒和烧杯的操作应重复数次，以保证溶质完全转移到容量瓶中。稀释溶液则可用移液管按照计算的量准确移取一定体积的浓溶液，转移到容量瓶中。

4)定容

转移完溶液后，加入蒸馏水至容量瓶 2/3 至 3/4 容量处，水平摇振容量瓶使溶液初步混合均匀，再继续加水至标线以下 0.5 cm 至 1 cm 处后放置在平台上，等待片刻容附在瓶颈内壁的水流下，如图 2-9 所示，再用小滴管或者洗瓶滴加蒸馏水至凹液面与标线相切，此时视线应和凹液面及标线在同一水平线上。

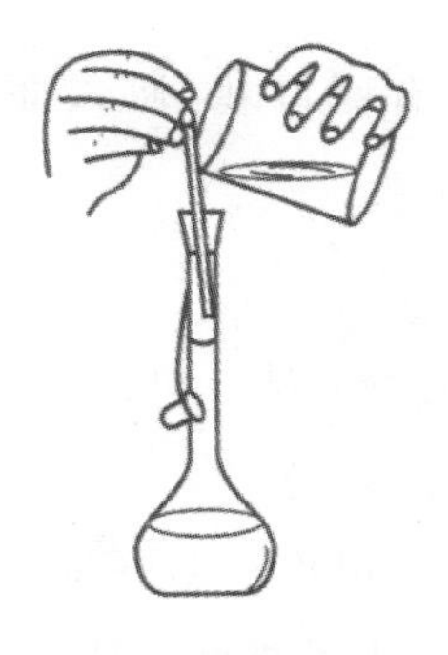
图 2-8 玻璃棒引流

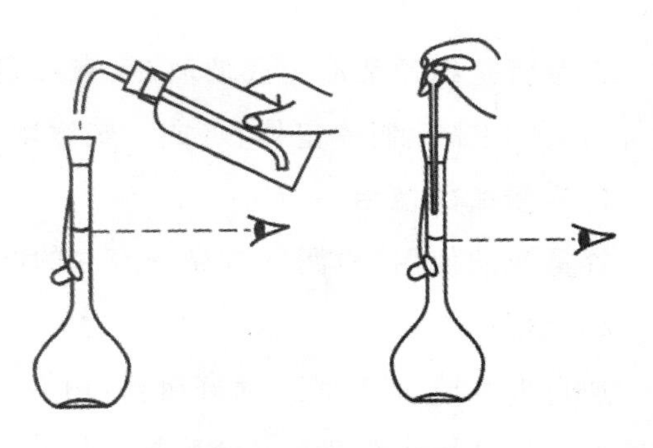
图 2-9 容量瓶定容

5)摇匀

盖紧瓶塞后,右手食指按住瓶塞,其余右手手指捏住瓶颈标线以上部分,左手指肚托住瓶底边缘将容量瓶倒转,使气泡上升到顶部,水平振荡混匀溶液。这样重复操作数次,使瓶内溶液充分混匀。

2. 使用容量瓶的注意事项

左手指肚托住瓶底边缘时,应尽量减少与瓶身的接触面积,以免体温对溶液温度有影响。50 mL及以下容积的容量瓶,用右手抓住瓶颈,同时用大拇指顶住瓶塞倒转摇动即可。

容量瓶不宜长期保存试剂溶液,不可将容量瓶当作试剂瓶使用。若配好的溶液需长期保存,应将其转移至试剂瓶中。试剂瓶洗涤干净后,还必须用容量瓶中的溶液淋洗3次。

容量瓶用完后,应立即用自来水冲洗干净。若长期不用,容量瓶的磨口处应洗净擦干,垫上小纸片,放入仪器柜中保存。

容量瓶不能在烘箱中烘烤,也不能用任何方法加热。若急需使用干燥的容量瓶时,可将容量瓶洗净后,用乙醇等有机溶剂淌洗后晾干,或用电吹风的冷风吹干。

2.3.4 量筒

1. 量筒规格的判断和选择

可根据不同需要选择使用不同规格的量筒。例如,需要量取8.0 mL液体时,为了提高测量的准确度,应选用10 mL量筒(测量误差±0.1 mL);如果选用100 mL量筒量取8.0 mL液体,则至少有±1 mL的误差。

2. 量筒的使用

在精度要求不高的情况下,可用量筒量取一定体积的液体。向量筒里倒入液体时,应用左手拿住量筒,使量筒略倾斜;用右手拿试剂瓶,使瓶口紧挨着量筒口,让液体缓缓流入。待倒入的量比所需要的量稍少时,把量筒放置在平台上,等待片刻,使附着在内壁上的液体流下来,然后改用胶头滴管取用液体,滴加到液体凹液面与所需要的量的刻度线平齐。

3. 使用量筒的注意事项

量筒既不能加热,也不能用于量取过热的液体,还不能在量筒内稀释或配制溶液,更不能在量筒中进行化学反应。量筒一般只适用于精度要求不是很高的情况,通常应用于定性分析方面,一般不用于定量分析方面,因为量筒测出的数据误差相对较大。

2.4 实验室十类加热仪器

1. 酒精灯

传统的酒精灯由四部分构成：玻璃的瓶身、棉质的灯芯、陶瓷的灯头和灯盖。酒精灯内焰的温度一般可达到 400 ℃至 500 ℃。

由于酒精灯使用沸点低的易燃物质——酒精作为燃料，因此在使用时比较危险，大部分的时候已经被其他更安全的加热仪器取代，仅在初中化学的焰色反应、毛细管的熔封以及一些微生物、细胞的实验器具灭菌(需要制造较小的无菌氛围)时使用。

使用酒精灯时，要注意以下事项。

(1)灯壶内使用无水乙醇(酒精)为燃料，其体积为灯壶容积的 1/2 至 2/3，使用前需要检查酒精量，注意及时添加，添加时要借助玻璃漏斗，以免将酒精洒出。若需对燃着的酒精灯添加酒精，必须先熄灭火焰。

(2)使用燃烧的火柴点燃酒精灯，禁止手持酒精灯去另一盏已经点燃的酒精灯处借火点燃。

(3)若酒精灯中的酒精洒出并在桌上燃烧，要立即用湿抹布扑灭。

(4)使用完酒精灯后，必须用灯帽盖灭火焰，禁止用嘴吹灭。

(5)酒精灯在不使用时，应盖上灯帽。如长期不使用，应倒出灯内的酒精，以免挥发；同时在灯帽和灯体之间放置小纸条隔开，以防粘连。

2. 电热套

电子控温加热套简称电热套，是一种实验室通用的加热仪器，主要由半球形加热内套、温度传感器、控制电路和保温外罩四个部分组成。其中，半球形加热内套用无碱耐高温玻璃纤维作为绝缘材料，编织包裹合金金属加热丝构成，常规耐受最高温度可达 380 ℃。电热套的半球形加热内套，可以使容器的受热面积高达 60%以上，具有升温快、温度高、操作安全简便、经久耐用的特点。

目前实验室中使用的电热套按照功能区分，主要有电子可调控温电加热套、智能数显恒温电加热套和智能磁力搅拌电加热套，多用于玻璃容器的精确控温加热，是做精确控温加热试验最理想的仪器。

半球形加热内套的容积有 50 mL、100 mL、150 mL、250 mL、500 mL、1000 mL、2000 mL、3000 mL、5000 mL、10 L、20 L、30 L。其中，基础化学实验室常用的包括 50 mL、100 mL、150 mL、250 mL、500 mL 这几种规格。容积越大的电热套的加热功率也越高。

3. 水浴锅

电热恒温水浴锅简称水浴锅，也是一种实验室通用的加热仪器，主要由水槽、电加热管、温度传感器、控制电路、箱体和盖子几个部分组成，加热温度在室温至 100 ℃之间。其中，水槽由 304 不锈钢一次冲压成型。水浴锅一般依据盖子上开孔的数目和孔的排列方式进行分类，如单孔水浴锅、双排四孔水浴锅等。每个孔上又单独有一组活动的盖子，由直径递减的同心塑料/钢片圆环组成，可以有效地减少水分的蒸发，同时增加了水浴锅对不同容积被加热容器的兼容性。市场上也出现了集成了磁力搅拌功能的水浴锅，但由于性价比不高，目前实验室较少配制。

当实验装置比较复杂且不方便使用水浴锅盖子时，为了防止水槽中水分蒸发带走大量热，从而损耗能量，使得升温速度和最高可达温度下降，可以用保鲜膜封闭住水槽上方没有仪器的部分。注意实验中使用到钾、钠等非常活泼的金属及进行无水操作时，不能选择使用水浴锅作为热源；水浴锅使用完毕的一段时间内，暂时不能使用，要及时排空水槽中的水，做好清洁工作。

4. 油浴锅

电热恒温油浴锅简称油浴锅，主要构成和水浴锅一致，差别在于使用的导热介质、加热功率和加热范围不同。油浴锅的加热温度在室温可达到 250 ℃，其所能达到的最高温度取决于所用油的种类。相比于水浴锅而言，油浴锅具有导热介质不易挥发、加热温度范围更广的优点。

1）油浴锅常用的传热物质

（1）甘油。甘油可以加热到 140 ℃至 150 ℃，温度过高则会分解。甘油吸水性强，放置过久的甘油，使用前应先加热蒸去所吸的水分，之后再用于油浴。

（2）甘油和邻苯二甲酸二丁酯的混合液。甘油和邻苯二甲酸二丁酯的混合液用于加热到 140 ℃至 180 ℃，温度过高则分解。

（3）植物油。植物油包括菜籽油、蓖麻油和花生油等，可以加热到 220 ℃，若在植物油中加入 1%的对苯二酚，可增加油在受热时的稳定性。

（4）液体石蜡。液体石蜡可加热到 200 ℃，稍微提高温度虽不易分解，但易燃烧。

（5）固体石蜡。固体石蜡也可加热到 200 ℃，其优点是冷却到室温时，凝成固体，便于保存。

（6）硅油。硅油在 250 ℃时仍较稳定，透明度好且安全，是目前实验室中较为常用的油浴传热物质之一，但硅油的价格较高。

2）油浴锅使用时，需要注意的事项如下。

加热完毕取出反应容器时，需要使反应容器离开液面并悬置片刻，待容器壁上附着的油滴完后，再用纸或干布擦干；油浴所用的油不能溅入水中，否则在加热时会产生泡珠或爆溅；使用油浴时，要特别注意防止油蒸气污染环境和引起火灾。

5. 磁力搅拌器

磁力搅拌器是一种通过快速旋转的搅拌子（也称磁子）来搅拌液体的实验室设备，主要包括普通磁力搅拌器、加热磁力搅拌器和恒温磁力搅拌器三种类型。其中，后两种不仅可以对玻璃容器中黏稠度不是很大的液体或者固液混合物进行搅拌，还可以进行加热。

磁力搅拌器适用于使反应物混合均匀、使反应温度均匀、加快反应速率、加速溶解固体溶质、加快蒸发速度等场合，其独特的优点是可以实现对完全密闭的容器进行加热和搅拌，也可以起到沸石的作用（不同于沸石作为气化中心，而是实现液面和内部液体气化机会平均化，从而使得液体沸腾平稳）。

使用时要注意：不搅拌时不能加热；不工作时应切断电源；调速应由低速逐步调至高速，不允许调高速挡直接起动，以免搅拌子不同步引起跳动；搅拌时如果发现搅拌子跳动或不搅拌，要检查一下烧杯是否平稳，位置是否位于加热盘中间，或者溶液黏度是否过大。

6. 电炉

实验室常用的电炉有普通小型电炉、管式高温电炉和马弗炉。

普通小型电炉由于电热丝是裸露的，使用起来需要配合石棉网，加热的温度范围同电加热套一致，但安全性能比不上电加热套，基本上被电加热套和电磁炉取代了。

管式高温电炉和马弗炉都是利用电热丝或者硅碳棒加热，使用耐高温隔热材料形成炉膛，最高加热温度分别可达 950 ℃和 1300 ℃。

管式高温电炉的炉膛设计成圆管形，炉膛配制一根可以取出的耐高温瓷质管或石英玻璃管，用于放置装待加热试剂的耐高温容器，如石英舟、小型坩埚等。马弗炉的炉膛呈长方体，其空间比管式高温电炉的大，对于装待加热试剂的耐高温容器的形状兼容性更好，但是不能进行气氛保护、气氛还原/氧化的实验。管式高温电炉可以在耐高温瓷质管的两头配制导入和导出气体的接口，方便进行通入气体来保护或者参与反应的高温实验。

7. 电磁炉

电磁炉又名电磁灶，是利用电磁感应加热原理制成的电气烹饪器具，由于其无明火，使用起来即安全卫生，加热效率又高，也在基础化学实验室中使用。电磁炉由高频感应加热线圈（即励磁线圈）、高频电力转换装置、控制器及铁磁材料锅底炊具等部分组成，在实验室使用中，可以代替电炉和电热套加热耐热玻璃容器，也可以加热装有水或导热油的不锈钢锅(作为水浴锅或油浴锅)使用。其缺点是没有精确的控温设置,温度控制不如电热套、水浴锅和油浴锅的精确。

8.沙浴

沙浴是先通过加热清洁干燥的细沙,再通过沙子对容器进行加热的方法。沙浴的加热温度可达到300 ℃以上。其优点是对仪器要求不高,加热温度范围广;缺点是沙对热的传导能力较差而散热却较快,故温度上升较慢,且不易控制。

9.微波炉

微波炉是利用食物在微波场中吸收微波能量而使自身加热的烹饪器具,由于其具有加热速度快和加热均匀的优点,目前部分实验室也配备有微波炉作为特殊加热仪器。微波炉的工作原理是利用其内部的磁控管,将电能转变成微波,以2450 MHz的振荡频率穿透炉腔中的物品,当微波被炉内物品吸收时,物品内的极性分子(如水、脂肪、蛋白质、糖等)会被吸引,并以每秒钟24亿5千万次的速度快速振荡,这种振荡的宏观表现就是物品被加热了。因此,能用微波炉加热的物品需要含有足够量的极性分子。

使用微波炉加热时应注意:置放被加热物品的容器不能用金属容器和普通不耐热的塑料容器,通常使用瓷器和玻璃容器,切忌使用封闭容器;由于其加热速度快,故不可长时间加热;使用时应远离带有磁场的其他电器。

10.超声波清洗仪

通过前面的介绍可知,超声波清洗仪是一种高规格的清洗仪器的工具,同时也可知超声波清洗时会在固液界面处发生空泡坍塌,产生剧烈温变及高压冲击固体。其中,温变效果可以进行控温调节。某些实验利用超声波清洗仪加热,作为一种特殊的加热方式来加热反应体系,从而达到常规加热达不到的特殊效果。

2.5　实验室常用的冷却方法

某些实验对低温有需求,在操作中需进行冷却处理,以便在一定的低温条件下进行反应、分离和提纯等操作,可以根据不同的需求,选用合适的冷却方法和制冷剂进行低温控温。

2.5.1　冰水冷却

用水和碎冰的混合物作为冷却介质,把反应器浸泡在冰水中,或者通过循环水泵让冰水混合物在围绕附着在反应容器外壁的水管中流动,从而达到降温的目的。冰水浴可将温度控制在0 ℃左右。当水不影响反应的进行时,也可把碎冰直接投入反应器中,将更有效地保持低温的反应体系。

2.5.2　冰盐冷却

在 0 ℃以下进行操作时,常用按不同比例混合的碎冰和无机盐作为冷却剂。冰盐混合物是一种有效的起寒剂。冰盐混合在一起,在同一时间内会发生两种反应:一种是会大大加快冰的溶化速度,而冰溶化时又要吸收大量的热;另一种是盐的溶解,也要吸收溶解热。因此,在短时间内能吸收大量的热,从而使冰盐混合物的温度迅速下降,它比单纯冰的温度要低得多。

冰盐混合物温度的高低,是依据一定量的冰中掺入盐的数量和种类决定的,详细配方如表 2-3 所示。例如,在 100 g 的碎冰中掺入 33 g 的 NaCl,则冰盐混合物的温度可降至－21 ℃。

表 2-3　低温冰盐浴配方表(碎冰用量 100 g)

浴温/(℃)	盐类及用量	浴温/(℃)	盐类及用量
－4.0	$CaCl_2 \cdot 6H_2O$(20 g)	－30.0	NH_4Cl(20 g)＋NaCl(40 g)
－9.0	$CaCl_2 \cdot 6H_2O$(41 g)	－30.6	NH_4NO_3(32 g)＋NH_4CNS(59 g)
－21.5	$CaCl_2 \cdot 6H_2O$(81 g)	－30.2	NH_4Cl(13 g)＋$NaNO_3$(37.5 g)
－40.3	$CaCl_2 \cdot 6H_2O$(124 g)	－34.1	KNO_3(2 g)＋KCNS(112 g)
－54.9	$CaCl_2 \cdot 6H_2O$(143 g)	－37.4	NH_4CNS(39.5 g)＋$NaNO_3$(54.4 g)
－21.3	NaCl(33 g)	－40.0	NH_4NO_3(42 g)＋NaCl(42 g)
－17.7	$NaNO_3$(50 g)		

2.5.3　冰箱冷却

冰箱冷却用于需要低温保存的试剂的保存,或者进行低温结晶。

注意:在进行温度低于－38 ℃的实验操作时,由于水银会凝固,因此不能使用水银温度计。对于较低的温度的测量,应采用添加少许颜料的有机溶剂(酒精、甲苯、正戊烷)温度计。

2.6　固体试剂的溶解、结晶、固液分离

2.6.1　溶解

溶解固体时,常用加热、搅拌等方法加快溶解速度。对于溶解过程中大量放热的固体溶解,如配制高浓度氢氧化钠溶液时,需要注意防止溶解后溶液温度过高,搅拌时也

要注意安全，若要移动容器，则需冷却一段时间再拿取容器，以防止烫伤。当固体颗粒太大时，可在研钵中研细后再称量一定的量进行溶解操作。对一些溶解度随温度升高而增加的物质来说，加热对溶解过程有利。搅拌可加速溶质的扩散，从而加快溶解速度。搅拌时应手持玻璃棒，轻轻转动，使玻璃棒不要触及容器底部及器壁。在试管中溶解固体时，可用振荡试管的方法加速溶解，振荡时不能上下，也不能用手指堵住管口来回振荡。

2.6.2　结晶

1. 蒸发(浓缩)操作

当溶液很稀且所制备的物质的溶解度又较大时，为了能从溶液中析出该物质的晶体，须通过加热使溶剂大量蒸发，从而溶液不断浓缩。

蒸发操作在蒸发皿中进行，被蒸发的溶液的表面积较大，有利于快速浓缩。若待浓缩结晶的物质对热稳定性好，可以直接加热(如先预热后放在电炉上加热)，否则用水浴间接加热。

蒸发到一定程度后，冷却析出晶体。当物质的溶解度较大时，必须蒸发到溶液表面出现晶膜时才停止。当物质的溶解度较小，或高温时溶解度较大而室温时溶解度较小，此时不必蒸发到溶液表面出现晶膜就可冷却。

2. 结晶操作

大多数物质的溶液，蒸发到一定浓度后冷却，就会析出溶质的晶体。析出晶体的颗粒大小与结晶条件有关。如果溶液的浓度较高，溶质在水中的溶解度随温度下降而显著减小时，便冷却得越快，那么析出的晶体就越细小，否则就能得到较大颗粒的结晶。搅拌溶液或静止溶液，可以得到不同的效果。前者有利于细小晶体的生成；后者有利于大晶体的生成。

由于溶液容易发生过饱和现象，可以用搅拌、摩擦器壁或投入几粒晶体(晶核)等办法，使其形成结晶中心，过量的溶质便会全部析出。

3. 重结晶操作

如果第一次结晶所得物质的纯度不合要求，可进行重结晶。其方法是在加热情况下，使纯化的物质溶于一定量的溶剂中，形成饱和溶液，趁热过滤，除去不溶性杂质，然后使滤液冷却，被纯化的物质即结晶析出，而溶解度极大的杂质则留在母液中，过滤便得到较纯净的物质。若一次重结晶达不到要求，可再次结晶。

重结晶是提纯固体物质常用的方法之一，它适用于溶解度随温度有显著变化的化合物，对于其溶解度受温度影响很小的化合物则不适用。重结晶操作中很重要的一点是选择合适的溶剂。

2.6.3 固液分离及沉淀洗涤

溶液与沉淀物的分离方法有三种：倾析法、过滤法、离心分离法。

1. 倾析法

将沉淀上部的溶液倾入另一容器中，而使沉淀与溶液分离的操作方法即倾析法。当沉淀的比重或重结晶的颗粒较大时，静止后能很快沉降至容器的底部时，常用倾析法进行分离和洗涤。

如需洗涤沉淀时，只要向盛沉淀的容器内加入少量洗涤液，将沉淀和洗涤液充分搅拌均匀，待沉淀沉降到容器的底部后，再用倾析法分离出上部的溶液。如此反复操作两三次，即能将沉淀洗净。

如需把沉淀转移到滤纸上，则先用洗涤液将沉淀搅起，然后将悬浮液立即按上述方法转移到滤纸上，这样大部分沉淀就可从烧杯中移走，最后用洗瓶中的水冲洗杯壁和玻璃棒上的沉淀，再进行转移。

2. 过滤法

过滤法是固液分离常用的方法。溶液和沉淀的混合物通过过滤器（如滤纸）时，沉淀在滤纸上的常称为滤渣或滤饼；溶液通过过滤器，过滤后所得到的溶液叫滤液。

溶液的黏度、温度、过滤时的压力及沉淀物的性质、状态、过滤器孔径大小都会影响过滤速度。热溶液比冷溶液容易过滤；溶液的黏度越大，过滤越慢；减压过滤比常压过滤快；如果沉淀呈胶体状态，不易穿过一般过滤器（滤纸），应先设法将胶体破坏（如用加热法）。总之，要考虑各个方面的因素来选择不同的过滤方法。

常用的过滤方法有常压过滤、减压过滤和热过滤。

1）常压过滤

先把一圆形或方形滤纸对折两次成扇形，展开后呈锥形，恰能与漏斗相密合。然后将三层滤纸的外两层撕去一小角，用食指把滤纸按在漏斗内壁上，用少量蒸馏水润湿滤纸，再用玻璃棒轻压滤纸四周，赶去滤纸与漏斗壁间的气泡，使滤纸紧贴在漏斗壁上。滤纸边缘应略低于漏斗边缘。

过滤时一定要注意以下几点。漏斗要放在漏斗架上，调整漏斗架的高度，使漏斗管的末端紧靠接收器内壁。先倾倒溶液，后转移沉淀，转移时应使用搅棒。倾倒溶液时，应使搅棒接触三层滤纸处，漏斗中的液面应略低于滤纸边缘，如图 2-10 所示。如果沉淀需要洗涤，应待溶液转移完毕后，将上方清液倒入漏斗。如此重复洗涤两三遍，最后把沉淀转移到滤纸上。

2）减压过滤（简称抽滤）

减压过滤装置如图 2-11 所示，利用水泵的抽气作用，使抽滤瓶内的压力减小，在布

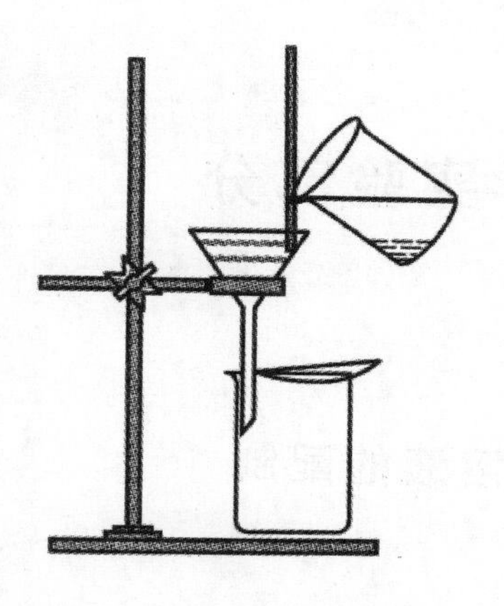

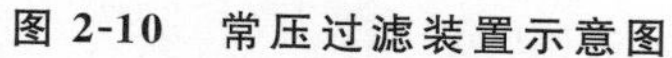

图 2-10　常压过滤装置示意图

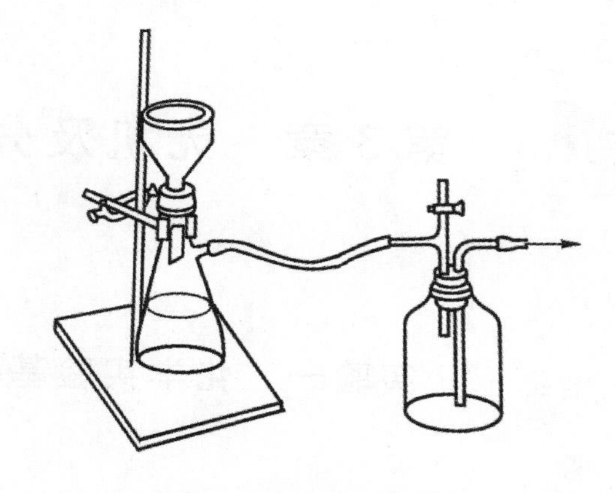

图 2-11　减压过滤装置示意图

氏漏斗内的液面与下方抽滤瓶之间造成一个压力差，使得滤液快速进入到抽滤瓶中，极大地提高过滤的速度、缩短过滤时间，并可把布氏漏斗滤纸上方的滤渣抽得比较干燥。

抽滤操作不适用于胶状沉淀和颗粒太细的沉淀过滤，容易堵塞滤纸孔从而造成抽破滤纸、分离失败。抽滤操作需要取下抽滤瓶上的橡胶管后再关闭水泵，防止水泵中的水被倒吸入抽滤瓶中。通常在连接水泵的橡皮管和吸滤瓶之间安装一个安全瓶，用来防止因操作失误先关闭水阀或水泵后流速的改变引起自来水倒吸。

3）热过滤

在重结晶操作中需要对热溶液及时过滤，以除去不溶性杂质。热过滤通常采用热率漏斗进行操作，也可以直接使用加热过的布氏漏斗进行趁热抽滤操作。注意在经常趁热抽滤时，布氏漏斗中需要垫双层滤纸，在过滤前使用洗瓶用少量润湿后及时进行热过滤操作。常规的单层滤纸在热溶液中容易受热发胀，并在压差下被抽破而分离失败。

3. 离心分离法

过滤的时候，沉淀难免会有少量在滤纸上难以分离，若需要得到沉淀而沉淀较少时，则容易造成较大的损失，这种情况需要采用离心分离法。当沉淀和溶剂的密度差较小，或者沉淀粒径极小时，沉淀速度慢，可以采用离心分离法。需要以较快速度实现固液分离时，也常采用离心分离法。

离心分离法需要用到离心机和配套的离心管（离心瓶）。装有沉淀和溶液的离心管（离心瓶）随离心机的转鼓高速旋转，沉淀得到快速沉降，从而实现固—液初步分离。取出离心管（离心瓶）后，进行固—液分离处理。由于沉淀量少、沉淀与溶剂密度差较小或者沉淀粒径极小，为防止造成再次固—液混合，需要依据具体情况选择使用胶头滴管或移液管快速、仔细吸取并移走沉淀上方的液体（注意滴管和移液管的末端不可触碰沉淀），然后将底部的沉淀倾倒出来，或者使用药匙取出，或者加少量不溶解沉淀的易挥发溶剂冲散后倾倒出来。

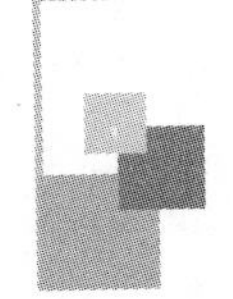

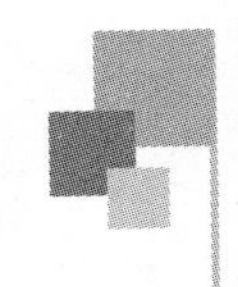

第3章　无机及分析化学实验部分

实验一　化学实验基础知识与溶液的配制

一、实验目的

(1)熟悉基础化学实验室的规则和要求。

(2)认领、洗涤和干燥玻璃仪器。

(3)练习吸量管、移液管、容量瓶、电子天平的使用方法。

(4)掌握一般溶液的配制方法和基本操作。

二、实验原理

实验室常用溶液浓度的表示方法有:物质的量浓度、质量浓度、质量分数和体积分数。例如,市售的盐酸浓度的质量分数为36%～38%,酸碱滴定中常用的滴定剂如0.1 mol/L NaOH溶液是物质的量浓度,75%消毒用酒精是体积分数,而医学上常用的9 g/L生理盐水的表示方法则用的是质量浓度。

依据溶液的配制方式可分为由固体试剂配制溶液和由液体试剂(或浓溶液)配制溶液。例如,9 g/L生理盐水是由医用级氯化钠固体溶解配制而成,而75%消毒用酒精则常用市售的95%医用酒精进行稀释配制。

依据配制的精确度要求分为粗略配置(简称粗配)和精确配置(简称精配)。

溶液配制的基本原则是配制前后溶质的质量不变。在配置前计算出所需要的试剂用量,然后依据试剂的状态(固体、液体或浓溶液)和配制精度选择量取的仪器。

由固体试剂配制溶液,需要依据计算出的用量,称量试剂的质量:

$$m_B = c_B \times V = \rho_B \times V = \omega_B \times m_{溶液}$$

式中:m_B为溶质质量;V为溶液体积;c_B为溶液物质的量浓度;ρ_B为溶液质量浓度;ω_B为溶液质量分数;$m_{溶液}$为溶液质量。

由液体试剂(或浓溶液)配制溶液,需要依据计算出的用量,量取试剂的体积:

$$V_B = \varphi_{B1} \times V_1 = \varphi_{B2} \times V_2$$

式中：V_B为溶剂体积；φ_{B1}为配制溶液体积分数；V_1为配制溶液体积；φ_{B2}为浓溶液体积分数；V_2为浓溶液体积。

$$V_B=(c_B\times V\times M_B)\div\rho_B$$

式中：V_B为溶剂体积；c_B为溶液物质的量浓度；V为溶液体积；M_B为溶剂摩尔质量；ρ_B为溶剂密度。

如果是粗配，固体试剂可选用电子天平称量所需质量的试剂，液体试剂可选用量筒量(最小刻度1 mL)取相应体积的试剂。将试剂加入到烧杯中，再用量筒量取所需用量的蒸馏水(或去离子水)加入上述烧杯中，用玻璃棒搅拌至固体试剂完全溶解或液体试剂混合均匀即可。如果是精配，固体试剂需要选用分析天平(0.1 mg)准确称量所需质量的试剂，液体试剂则需要选用移液管或滴定管(最小刻度0.1 mL)准确量取相应体积的试剂。液体试剂可直接加入到容量瓶中加蒸馏水稀释和定容；固体试剂则需要先在烧杯中用适量蒸馏水溶解后，再精确转移到容量瓶中，最后继续加水稀释和定容。

溶液的配制需要考虑试剂的状态是固态、液态还是已知浓度的溶液，再依据所需要采用的浓度表示方法和所需精度，采用相应的方法来进行配制。

三、实验用品

容量瓶、分析天平、电子天平，吸量管、移液管、小烧杯、药匙、胶头滴管、玻璃棒、量筒、洗瓶、广口试剂瓶、细口试剂瓶等。

NaCl、95%医用酒精、NaOH、去离子水等。

四、实验内容

1. 基础化学实验室的规则和要求

学习安全守则：掌握实验室可能发生的事故预防和处理方法；熟悉基础化学实验室相关规则和基本要求；了解实验操作过程、实验记录和实验报告书写相关规范。

2. 仪器的认领、洗涤和干燥

学习实验常用仪器并熟悉其名称、规格，了解使用注意事项。

认领仪器时需要注意以下几点。

(1)依仪器清单进行，烧杯可以大顶小。

(2)凡磨口仪器注意塞子是否能打开、转动，是否配套。取用时一律磨口朝上，防止塞子跌落。磨口仪器有：容量瓶、分液漏斗、酸式滴定管、称量瓶、广口瓶等。

(3)仪器损坏需要赔偿。

学习仪器洗涤和干燥的相关内容。

领取本次实验所需仪器，按照需要进行洗涤和干燥。熟悉试剂和共用仪器所在的位置以及使用方法。

3. 由固体物质配制溶液

1）精确配制 9 g/L 生理盐水 100.0 mL

计算用量：首先确定所配溶液的体积，根据配制前后溶质的质量计算所需 NaCl 固体的质量。

称量：使用分析天平准确称量计算用量所需的 NaCl 固体的质量并记录数据。分析天平使用前需开机预热 30 min。按 ON/OFF 键（POWER 键或开机符号键）开机进入称量模式，精度不同显示数值不同，如分析天平精达到 0.1 mg，显示 0.0000 g；观察水准泡位置，调水平；放上称量容器或称量纸后按归零/去皮键（O/T 键、TARE 键），显示屏显示 0.0000 g；打开侧玻璃门，将用药匙取用的试剂轻轻倒在称量纸中间，若读数和预计数据接近则关上侧玻璃门，当显示屏数据稳定后，显示值即为被称量物质的质量值，可读取数据。不再需要使用天平时，先将秤盘清理干净，按归零/去皮键，显示屏显示 0.0000 g 后再关机，将天平室内清理干净后再关上玻璃门，并拔下电源插头。

溶解：选一适当大小的洁净烧杯，将称量好的 NaCl 固体加入烧杯，再加入适量的去离子水搅拌溶解。

转移至容量瓶：容量瓶在使用前需要洗涤和检漏合格后方可使用，小容量的容量瓶检漏操作方法如图 3-1 所示。将完全溶解的 NaCl 溶液沿玻璃棒小心转入到容量瓶，如图 3-2 所示，再用少量去离子水洗涤烧杯和玻璃棒 2～3 次，每次洗涤液都沿玻璃棒注入容量瓶中。然后振荡并摇匀，混液操作方法如图 3-1 所示。

定容：用烧杯沿玻璃棒向容量瓶中注入去离子水至刻线下 2～3 cm 处，改用胶头滴管或洗瓶滴加去离子水至凹液面最低处与刻线相切（平视），如图 3-3 所示。再次摇匀。

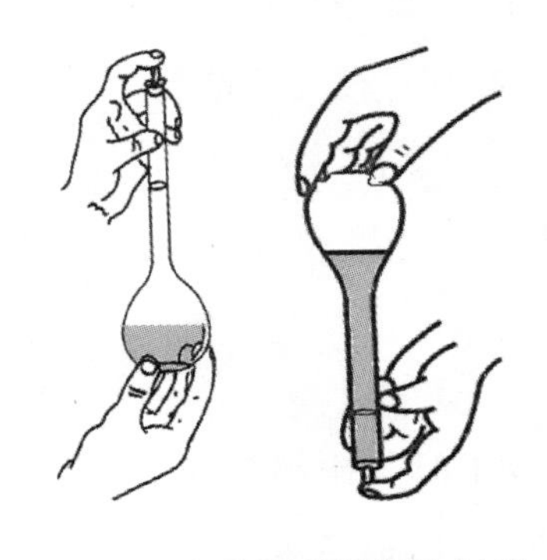

图 3-1　容量瓶的检漏和混液

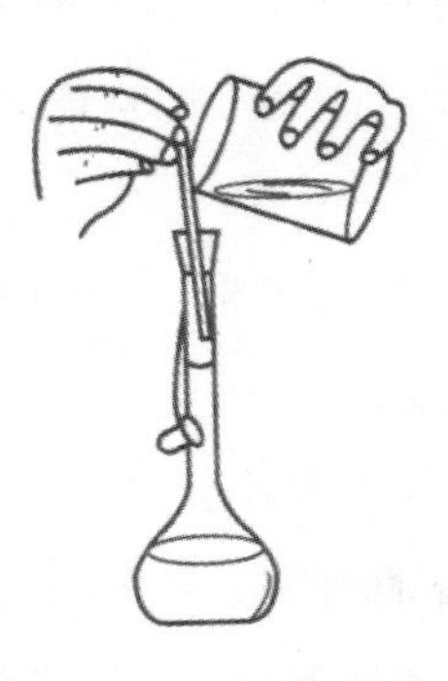

图 3-2　玻璃棒引流

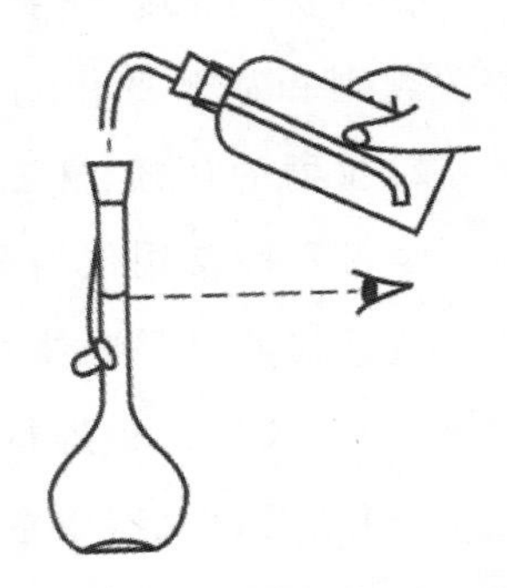

图 3-3　容量瓶定容

将配制好的溶液转移至细口试剂瓶中，贴好标签，写明试剂种类、浓度等数据。

2)配制0.1 mol/L的NaOH溶液100 mL

计算用量:首先确定所配溶液的体积,根据配制前后溶质质量计算所需NaOH固体的质量。

称量试剂:使用电子天平称量一定质量的NaOH固体并记录数据。

溶解:选一适当大小的洁净烧杯,先将称量好的NaOH固体加入烧杯。再按照溶液总量和浓度计算所需去离子水用量,并用量筒量取。最后向烧杯中加入量取的去离子水并搅拌溶解,冷却至室温。

将配制好的溶液转移至广口试剂瓶中,贴好标签,写明试剂种类、浓度等数据。

4. 由已知浓度液体稀释配制溶液

配制75%消毒用酒精100 mL。

依据配制总量和浓度计算所需95%医用酒精的体积。

用100 mL量筒量取所需体积的95%医用酒精,加去离子水至对应刻度线。

五、实验结果

试剂	NaCl	NaOH	95%医用酒精
计算用量			
实际用量			
配制浓度			

相关浓度计算过程:

六、注意事项

(1)认领实验仪器时,要注意对照目录表领取相应的实验仪器,并确认实验仪器的完整性。

(2)在清洗实验仪器的时候,要注意不要将实验仪器损坏,注意清洗的顺序和清洗的效果。

(3)清洗时注意避免洗液溅出弄到手上或者实验服上。

(4)注意仪器装柜时要保持干燥,摆放实验仪器要规范有序。

(5)玻璃仪器要分门别类存放在试验柜中,要放置稳妥,高的、大的仪器靠里放置。

需长期保存的磨口仪器要在塞间垫一张纸片，以免后期粘住。

七、思考题

(1)简述容量瓶检漏操作的步骤有哪些？

(2)使用容量瓶配置好的溶液是否可以直接用容量瓶保存？

(3)本实验中可否采用精确配置的方法配制出准确浓度的 NaOH 溶液？

实验二 粗盐的提纯

一、实验目的

(1)学会用化学方法提纯粗盐。

(2)练习加热、溶解、减压过滤、蒸发浓缩、结晶、干燥等基本操作。

二、实验原理

化学试剂 NaCl 都是以粗盐为原料提纯的,粗盐中的不溶性杂质(如泥沙等)可通过溶解和过滤的方法除去。

粗盐中的可溶性杂质主要是 Ca^{2+}、Mg^{2+}、K^{+} 和 SO_4^{2-} 等,选择适当的试剂使它们沉淀并生成难溶解的化合物而被除去。

一般先在粗盐溶液中加入过量的 $BaCl_2$ 溶液,除去 SO_4^{2-}:

$$Ba^{2+} + SO_4^{2-} \xlongequal{\quad} BaSO_4 \downarrow$$

再在滤液中加入 NaOH 和 Na_2CO_3 溶液,除去 Mg^{2+}、Ca^{2+},以及溶液中过量的 Ba^{2+}:

$$Ca^{2+} + CO_3^{2-} \xlongequal{\quad} CaCO_3 \downarrow$$

$$Ba^{2+} + CO_3^{2-} \xlongequal{\quad} BaCO_3 \downarrow$$

$$2Mg^{2+} + 2OH^{-} + CO_3^{2-} \xlongequal{\quad} Mg_2(OH)_2CO_3 \downarrow$$

溶液中过量的 NaOH 和 Na_2CO_3 可以用盐酸中和除去。粗盐中的 K^{+} 和上述的沉淀剂都不起作用。

由于 KCl 的溶解度大于 NaCl 的溶解度,且含量较少,因此在蒸发和浓缩过程中,NaCl 先结晶出来,而 KCl 留在溶液中。

三、实验用品

电子天平、布氏漏斗、抽滤瓶、真空水泵、胶头滴管、烧杯、量筒等。

NaCl(粗)、H_2SO_4(3 mol/L)、Na_2CO_3(饱和溶液)、HCl(6 mol/L)、$BaCl_2$(1 mol/L)等。

四、实验内容

1. 粗盐溶解

称取 15 g 粗盐放入 100 mL 烧杯中,加入 50 mL 水,用加热搅拌使其溶解后,过滤除去颗粒物。

2. 除 SO_4^{2-}

加热溶液至沸，边搅拌边滴加 1 mol/L $BaCl_2$溶液 3～4 mL，继续加热 5 min，使沉淀颗粒变大，从而易于沉降。

3. 检查 SO_4^{2-} 是否除尽

将电炉移开，待沉降后取少量上清液加几滴 6 mol/L HCl，再加几滴 1 mol/L $BaCl_2$溶液，如有混浊，则表示 SO_4^{2-} 未除尽，需再加 $BaCl_2$溶液直至完全除去 SO_4^{2-}。

4. 除 Ca^{2+}、Mg^{2+} 和过量的 Ba^{2+}

将上面溶液加热至沸，边搅拌边滴加饱和 Na_2CO_3溶液，直至滴入 Na_2CO_3溶液不生成沉淀为止，再加 0.5 mL Na_2CO_3溶液，静置。

5. 检查 Ba^{2+} 是否除尽

用滴管取上面清液放在试管中，再加几滴 3 mol/L H_2SO_4，如有混浊，则表示 Ba^{2+} 未除尽，继续滴加 Na_2CO_3溶液，直至除尽为止。常压过滤，弃去沉淀。

6. 用 HCl 调整酸度除去 CO_3^{2-}

往溶液中滴加 6 mol/L HCl，加热搅拌，中和到溶液呈弱酸性（pH 值为 4～5）。

7. 浓缩与结晶

在蒸发皿中把溶液浓缩至原体积的 1/3（呈糊状，勿蒸干），便停止加热，冷却结晶。减压过滤，用少量的 2∶1 酒精溶液洗涤晶体后，抽滤至布氏漏斗下端无液滴为止。

8. 烘干

将抽滤得到的 NaCl 晶体，转移到干净且干燥的蒸发皿中，用中小火烘干（思考：除去何物？），冷却后称重，并计算产率。

五、实验结果

产品外观：(1)粗盐：＿＿＿＿＿＿＿＿；(2)精盐：＿＿＿＿＿＿＿＿。

产率：＿＿＿＿＿＿＿＿。

计算过程：

六、注意事项

(1)注意实验操作的顺序，防止出现难以去除的新的杂质。

(2)溶液浓缩切勿蒸干。

七、思考题

(1)检查 SO_4^{2-} 是否除尽的操作中,为何先加入几滴 6 mol/L HCl?

(2)浓缩溶液前为何控制溶液呈弱酸性?

(3)提纯后的溶液在后面加热浓缩操作时,为何不能蒸干?

(4)能否用重结晶的方法提纯氯化钠?

实验三　硝酸钾的制备与提纯

一、实验目的

(1)学习用转化法制备硝酸钾晶体。

(2)掌握加热、溶解、减压热过滤、蒸发浓缩、结晶、干燥等基本操作。

二、实验原理

工业上常采用转化法制备硝酸钾晶体。当 KCl 和 $NaNO_3$ 溶液混合时,混合液中同时存在 K^+、Na^+、Cl^-、NO_3^- 四种离子,由它们组成的四种盐,在不同的温度下有不同的溶解度(见表 3-1)。利用 NaCl、KNO_3 的溶解度随温度变化而变化的差别,高温除去 NaCl,滤液冷却得到 KNO_3。其转化反应如下:

$$NaNO_3 + KCl \xlongequal{} NaCl + KNO_3$$

表 3-1　四种盐在水中的溶解度

试剂	温度/(℃)										
	0	10	20	30	40	50	60	70	80	90	100
KNO_3	13.3	20.9	31.6	45.8	63.9	85.5	110.0	138.0	169.0	202.0	246.0
KCl	27.6	31.0	34.0	37.0	40.0	42.6	45.5	48.1	51.1	54.0	56.7
$NaNO_3$	73.0	80.0	88.0	96.0	104.0	114.0	124.0	—	148.0	—	180.0
NaCl	35.7	35.8	36.0	36.3	36.6	37.0	37.3	37.8	38.4	39.0	39.8

三、实验用品

电子天平、布氏漏斗、抽滤瓶、真空水泵、烧杯、玻璃棒玻棒、电炉、滴瓶、胶头滴管等。

硝酸钠、氯化钾、去离子水、0.1 mol/L 硝酸银溶液等。

四、实验内容

1. 硝酸钾的制备

称 17.0 g 硝酸钠、15.0 g 氯化钾,加 30 mL 水,加热、搅拌、溶解;溶解后得到澄清无色溶液,在烧杯外壁标记烧杯中液面的高度。由于四种离子组成了四种盐,高温时氯化钠的溶解度最小,故要使盐溶解,首先由氯化钠的溶解度来考虑加水量。

小火加热溶液，浓缩至约为原体积的 2/3，观察到有圆粒状白色晶体生成，所析出的晶体是氯化钠，用预热过的布氏漏斗趁热过滤。趁热过滤的操作一定要迅速、全部转移溶液与晶体，使烧杯中的残余物减至最少。

将滤液转移到干净的烧杯中，并用约 5 mL 的热水分两次洗涤抽滤瓶，洗液合并到滤液中，记下此时烧杯中液面的高度。小火加热浓缩滤液至原体积的 3/4 时，冷却静置结晶，观察晶体的状态。

待冷却至室温后抽滤，滤饼用少量去离子水冲洗后尽可能地抽干，得到的滤饼即硝酸钾的粗产品。干燥后称量，并计算粗产率。

2. 产品纯度检测

取米粒大小量的上述硝酸钾的粗产品，加入小试管，加入 2 mL 左右的去离子水溶解完全后，滴加 2 滴 0.1 mol/L 的硝酸银溶液，观察溶液是否澄清。

3. 硝酸钾的精制

如果上述溶液变浑浊，将粗产品置于小烧杯，按照粗产品质量加入 1/2 质量的去离子水，加热搅拌至完全溶解后，冷却结晶，冷至室温后抽滤，得到纯度更高的硝酸钾产品。再次检测产品纯度(方法同上所述)，若仍然检出氯离子，则需要再次重结晶纯化。

五、实验结果

硝酸钾的形态：____________。

硝酸钾的颜色：____________。

硝酸钾的产率：____________。

计算过程：

六、注意事项

(1)热蒸发时，为防止因玻棒长且重、烧杯小且轻，以至重心不稳而倾翻烧杯，应选择细玻棒，同时在不搅动溶液时，应将玻棒取出放置。

(2)转化法制备硝酸钾晶体中热过滤是关键。设初始溶液体积为 V，若溶液总体积已小于原体积的 $2/3V$，先准备好双层滤纸，并提前预热好漏斗。若过滤的准备工作还未做好，则不能过滤，可在烧杯中加水至容积的 $2/3V$ 以上，再蒸发浓缩至容积的 $2/3V$ 后趁热过滤。

(3)要控制浓缩程度，蒸发浓缩时，溶液一旦沸腾，火焰要小，只要保持溶液沸腾就行。烧杯很烫时，可用干净的小手帕或未用过的小抹布（折成整齐的长条）拿烧杯。趁热过滤的操作一定要迅速，以全部转移溶液与晶体，使烧杯中的残余物减到最少。

（4）趁热过滤失败，不必从头做起，只要把滤液、漏斗中的固体全部放回到原来的小烧杯中，加一定量的水至原记号处，再加热溶解、蒸发浓缩至原体积的 2/3，趁热过滤就行。万一漏斗中的滤纸与固体分不开，滤纸也可回到烧杯中，在趁热过滤时与氯化钠一起除去。

（5）冷过滤洗涤晶体操作时，需要拔下抽滤瓶上接抽真空的橡胶管，再挤压洗瓶用少量去离子水边翻动晶体边洗涤，洗涤完后再继续抽滤，并尽可能地抽干。

七、思考题

（1）根据溶解度计算，本实验理论上应有多少 KNO_3 和 NaCl 晶体析出？（不考虑其他盐存在时对溶解度的影响）

（2）本次实验属于重结晶操作还是浓缩结晶操作？本实验涉及哪些基本操作？

（3）当 KNO_3 中混有 KCl 或 $NaNO_3$ 时，应如何提纯？

实验四　硫酸亚铁铵的制备

一、实验目的

(1)了解复盐的一般特性及硫酸亚铁铵的制备方法。

(2)掌握水浴加热、蒸发、结晶和减压过滤等基本操作。

二、实验原理

硫酸亚铁铵俗称摩尔盐，化学式为 $FeSO_4 \cdot (NH_4)_2SO_4 \cdot 6H_2O$，相对分子质量为 392.14，是一种浅蓝绿色的无机复盐。能溶于水，几乎不溶于乙醇。一般亚铁盐在空气中都易被氧化，但形成复盐后却比较稳定，不易被氧化。因此，硫酸亚铁铵在定量分析中常用作标定重铬酸钾、高锰酸钾等溶液的基准物质。

一般的复盐在一定温度范围内，其溶解度比其任意一组分的溶解度都低，硫酸亚铁铵也是如此。硫酸铵、硫酸亚铁和硫酸亚铁铵在水中的溶解度如表 3-2 所示。

表 3-2　硫酸铵、硫酸亚铁和硫酸亚铁铵在水中的溶解度

试剂(Mr)	温度/(℃)			
	10	20	30	70
$FeSO_4$(151.9)	20.5	26.6	33.2	56.0
$(NH_4)_2SO_4$(132.1)	73.0	75.4	78.1	91.9
$FeSO_4 \cdot (NH_4)_2SO_4 \cdot 6H_2O$(392.14)	18.1	21.2	24.5	38.5

由上述分析可知，可以通过将硫酸铵与硫酸亚铁的混合溶液进行冷却结晶，即可优先析出硫酸亚铁铵复盐晶体。

本实验先将铁屑溶于稀硫酸中，生成硫酸亚铁：

$$Fe + H_2SO_4 = FeSO_4 + H_2\uparrow$$

再将硫酸亚铁与硫酸铵等物质在水溶液中相互作用，生成溶解度较小的硫酸亚铁铵($FeSO_4 \cdot (NH_4)_2SO_4 \cdot 6H_2O$)复盐晶体：

$$FeSO_4 + (NH_4)_2SO_4 + 6H_2O = FeSO_4 \cdot (NH_4)_2SO_4 \cdot 6H_2O$$

其中，副产物 $2[Fe(OH)_2]_2SO_4$ 为棕黄色：

$$4Fe^{2+} + 2SO_4^{2+} + O_2 + 6H_2O = 2[Fe(OH)_2]_2SO_4 + 4H^+$$

若加热温度过高，还容易生成白色杂质($FeSO_4 \cdot 2H_2O$)。

三、实验用品

抽滤装置一套、电子天平、锥形瓶、玻璃棒、量筒、表面皿、水浴锅、烧杯、电炉等。

铁屑、硫酸铵、稀硫酸(3 mol/L)、10% Na_2CO_3溶液、去离子水等。

四、实验内容

1. 铁屑的净化

用电子天平称取2.0 g铁屑，放入小烧杯中，加入15 mL质量分数为10%的Na_2CO_3溶液。缓缓加热约10 min后，倒去Na_2CO_3碱性溶液，用自来水冲洗后，再用去离子水把铁屑冲洗洁净(如果使用纯净的铁屑，可省去这一步)。

2. 硫酸亚铁的制备

往盛有2.0 g洁净铁屑的小烧杯中加入15 mL的3 mol/L H_2SO_4溶液，盖上表面皿，放在60～80 ℃水中水浴加热(在通风橱中进行)。在加热过程中，应不时加入少量去离子水，以补充被蒸发的水分，防止$FeSO_4$结晶出来；同时要控制溶液的pH值不大于1，使铁屑与稀硫酸反应至不再冒出气泡为止。待反应基本结束后，再补加10滴左右3 mol/L H_2SO_4溶液，防止亚铁离子被空气中的氧气氧化(亚铁离子在强酸性环境中较为稳定)成三价铁离子。

趁热抽滤，将滤液转移到洁净的蒸发皿中，再将留在小烧杯中及滤纸上的残渣取出，用滤纸片吸干后称量。根据已发生反应的铁屑质量，算出溶液中$FeSO_4$的理论产量。

3. 硫酸亚铁铵的制备

根据$FeSO_4$的理论产量，计算并称取所需$(NH_4)_2SO_4$(固体)的用量(通常在4.8 g左右)。在室温下将称取的$(NH_4)_2SO_4$加入上述盛放的$FeSO_4$的蒸发皿中，所得蒸发皿置于电炉或水浴上加热搅拌，使$(NH_4)_2SO_4$全部溶解，调节溶液的pH值为1～2，继续蒸发浓缩至溶液表面刚出现薄层的结晶时为止。

自加热装置上取下蒸发皿，放置、冷却后即有硫酸亚铁铵晶体析出。待冷却至室温后，用布氏漏斗减压过滤，用少量乙醇洗去晶体表面所附着的水分。

将晶体取出，置于两张洁净的滤纸之间，并轻压以吸干母液，称量。计算理论产量和产率。

五、实验结果

$FeSO_4 \cdot (NH_4)_2SO_4 \cdot 6H_2O$　　$m_{理论}=$____________ g；

$m_{实际}=$____________ g；

产率=________%；

颜色：________；

形态：________。

计算过程：

六、注意事项

(1)机械加工过程中得到的铁屑表面沾有油污，可用碱煮的方法除去油污。硫酸的浓度不宜太大或太小。若浓度太小，则反应速度慢；若浓度太大，则易产生 Fe^{3+}、SO_2，从而使溶液出现黄色，或形成块状黑色物。

(2)将酸溶液适当振荡，铁屑回落进入酸溶液并发生反应。在铁屑与硫酸作用的过程中，会产生大量氢气及少量有毒气体，应注意通风，避免发生事故。

(3)在加热过程中，应控制温度在 60 ℃左右，要经常取出锥形瓶摇荡，以加速反应，并适当地往锥形瓶中添加少量水，以补充蒸发掉的水分。

(4)所测得的硫酸亚铁溶液和硫酸亚铁铵溶液均应保持较强的酸性(pH 值为 1～2)。

(5)在进行 Fe^{2+} 离子的定量分析时，应使用含氧量较少的去离子水来配制硫酸亚铁铵溶液。

(6)在硫酸亚铁的制备中，无论控制 H_2SO_4 过量还是铁过量，均能得到硫酸亚铁产品，但产品的质量和纯度会受影响。铁过量可防止 $FeSO_4$ 被氧化。控制溶液的 pH 值小于 1，抑制 $FeSO_4$ 水解。一般来说，铁稍微过量时，产品质量较好，未发生反应的铁可循环反应。

七、思考题

(1)复盐有何特点？复盐与简单盐有何区别？

(2)本实验的反应过程中，是铁过量还是 H_2SO_4 过量？为什么要这样？

(3)铁屑与稀硫酸反应及硫酸亚铁和硫酸铵反应均需加热，两次加热的目的有何不同？

(4)浓缩硫酸亚铁铵溶液时，能否浓缩至干？为什么？

(5)抽滤得到硫酸亚铁铵晶体后，如何除去晶体表面上吸附着的水？

(6)怎样计算硫酸亚铁铵的产率？是根据铁的用量还是硫酸铵的用量？

(7)为什么实验中硫酸亚铁铵溶液和硫酸亚铁溶液都要保持较强的酸性？

实验五　三草酸合铁(Ⅲ)酸钾的制备

一、实验目的

(1)了解三草酸合铁(Ⅲ)酸钾的制备方法和性质。

(2)掌握水溶液中制备无机物的一般方法;学习用化学平衡原理指导配合物的制备。

(3)继续练习溶解、沉淀、过滤、浓缩、蒸发结晶等基本操作。

二、实验原理

本制备实验是以铁(Ⅲ)为起始原料,通过沉淀、氧化还原、配位反应等过程,制得配合物三草酸合铁(Ⅲ)酸钾,其化学式为 $K_3[Fe(C_2O_4)]\cdot 3H_2O$。三草酸合铁(Ⅲ)配离子是比较稳定的,$K_{稳}=1.58\times 10^{20}$。

用硫酸亚铁铵与草酸反应制备草酸亚铁:

$$FeSO_4\cdot(NH_4)_2SO_4\cdot 6H_2O+H_2C_2O_4 = FeC_2O_4\cdot 2H_2O\downarrow+(NH_4)_2SO_4+H_2SO_4+4H_2O$$

在过量草酸根存在下,用过氧化氢氧化草酸亚铁即可得到三草酸合铁(Ⅲ)酸钾,同时有氢氧化铁生成:

$$6FeC_2O_4\cdot 2H_2O+3H_2O_2+6K_2C_2O_4 = 4K_3[Fe(C_2O_4)_3]+2Fe(OH)_3\downarrow+12H_2O$$

加入适量草酸可使 $Fe(OH)_3$ 转化为三草酸合铁(Ⅲ)酸钾配合物:

$$2Fe(OH)_3+3H_2C_2O_4+3K_2C_2O_4 = 2K_3[Fe(C_2O_4)_3]+6H_2O$$

总反应式为

$$2FeC_2O_4\cdot 2H_2O+H_2O_2+H_2C_2O_4+3K_2C_2O_4 = 2K_3[Fe(C_2O_4)_3]\cdot 3H_2O$$

加入乙醇,放置后即可析出三草酸合铁(Ⅲ)酸钾晶体。

三草酸合铁(Ⅲ)酸钾为翠绿色单斜晶体,易溶于水(0 ℃时,4.7 g/100 g 水;100 ℃时,117.7 g/100 g 水),难溶于乙醇等有机溶剂,极易感光,室温下光照变黄色,进行下列光化学反应:

$$2[Fe(C_2O_4)_3]^{3-} = 2FeC_2O_4+3C_2O_4^{2-}+2CO_2\uparrow$$

它在日光直射或强光下分解生成的草酸亚铁,遇六氰合铁(Ⅲ)酸钾生成滕氏蓝,反应为

$$3FeC_2O_4+2K_3[Fe(CN)_6] = Fe_3[Fe(CN)_6]_2\downarrow+3K_2C_2O_4$$

因此,在实验室中可做成感光纸,进行感光实验。另外,由于它具有光化学活性,能

定量进行光化学反应，常用作化学光量计。

三、实验用品

烧杯、量筒、抽滤瓶、布氏漏斗、蒸发皿、试管、表面皿、胶头滴管、真空水泵等。

硫酸亚铁铵、氢氧化钾、铁氰化钾、饱和草酸溶液、5% H_2O_2、饱和 $K_2C_2O_4$溶液、95%乙醇、6 mol/L 氨水、0.1 mol/L $AgSO_4$溶液、0.1 mol/L NH_4CNS溶液、0.1 mol/L $BaCl_2$溶液、1 mol/L H_2SO_4溶液、饱和 $H_2C_2O_4$溶液、3.5%铁氰化钾溶液等。

四、实验内容

1.三草酸合铁(Ⅲ)酸钾的制备

(1)制备草酸亚铁。

250 mL 烧杯中加 6.0 g 硫酸亚铁铵、15 mL 水、5～6 滴 1 mol/L H_2SO_4溶液，加热溶解后，加入 30 mL 饱和草酸，用电炉加热至沸腾，迅速搅拌片刻后停止加热，静置待黄色草酸亚铁晶体(颗粒状、淡黄颜色)沉降后，用倾倒法弃去上层清液，再用 200 mL 热的去离子水分别使用 3 次倾析法洗涤(残存的硫酸根将影响配合物的成分)。

(2)制备三草酸合铁(Ⅲ)酸钾。

向上述晶体沉淀中加 10 mL 饱和 $K_2C_2O_4$溶液，在 40 ℃水浴中加热，缓慢滴加 15 mL 5% H_2O_2溶液(注意观察实验现象，如沉淀的量和溶液的颜色)，恒温搅拌后，将深棕色的悬浊液转移到电炉上边加热边搅拌至沸腾，关掉热源。搅拌下逐滴滴加饱和草酸(约 20 mL)至浑浊沉淀溶解完全。趁热抽滤，将滤液(能看出绿色)转移到小烧杯中，加入 30 mL 95%乙醇，静置冷却析晶，抽滤得晶体(青竹一样的翠绿色长棱柱形)。滤饼上的晶体用少量 95%乙醇冲洗几次后，抽干得到的产品即为三草酸合铁(Ⅲ)酸钾。

也可在移去热源后，趁热向 30 mL 饱和草酸溶液中缓慢倾倒热溶液，过滤。滤液冷却后，加入 10 mL 95%乙醇来促进结晶。

2.三草酸合铁(Ⅲ)酸钾的性质

(1)将少许产品放在表面皿上，在日光下观察晶体颜色变化，与放在暗处的晶体比较。

(2)制感光纸：按三草酸合铁(Ⅲ)酸钾 0.3 g、铁氰化钾 0.4 g、去离子水 5 mL 的比例配成溶液，涂在纸上即成感光纸(黄色)。盖上用黑色塑料或纸张裁剪镂空的图案，在日光下直射数秒钟，曝光部分呈深蓝色，被遮盖的部分即显影出图案来。

(3)配感光液：取 0.3～0.5 g 三草酸合铁(Ⅲ)酸钾，加 15 mL 水配成溶液，用滤纸条做成感光纸。同上操作，曝光后去掉图案，用约 3.5%铁氰化钾溶液润洗或漂洗即显影出图案来。

五、实验结果

三草酸合铁(Ⅲ)酸钾　　$m_{理论}=$ ________ g;

$m_{实际}=$ ________ g;

产率= ________ %;

颜色: ________;

形态: ________。

六、注意事项

(1)水浴 40 ℃下加热,缓慢滴加 H_2O_2,以防止 H_2O_2 未来得及发生反应而受热分解。

(2)在抽滤过程中,勿用水冲洗黏附在烧杯和布氏漏斗上的绿色产物。

(3)此制备过程中需避光、干燥,所得成品也要放在暗处。

七、思考题

(1)为什么在此制备过程中用过氧化氢作氧化剂,用氨水作沉淀剂?能否用其他的氧化剂或沉淀剂,为什么?

(2)为什么在此制备过程中要经过转化为氢氧化铁的步骤?能否不经这一步,直接转化,为什么?

(3)滤液在水浴上浓缩时,能否用蒸干溶液的方法来提高产率,为什么?

(4)如何证明你所制得的产品不是单盐而是配合物?

(5)写出各步实验现象和反应方程式,并根据摩尔盐的量计算产量和产率。

(6)现有硫酸铁、氯化钡、草酸钠、草酸钾四种物质为原料,如何制备三草酸合铁(Ⅲ)酸钾?试设计方案并写出各步反应方程式。

实验六　0.1 mol/L NaOH标准溶液的配制与标定

一、实验目的

(1)进一步学习溶液的配制,并掌握NaOH标准溶液的配制方法。

(2)掌握用邻苯二甲酸氢钾作基准物质标定NaOH标准溶液的原理和方法。

(3)练习滴定操作和学习滴定终点的判断。

二、实验原理

滴定分析法中可通过将标准溶液用滴定管滴加到待测液中定量反应,利用指示剂等方法判断反应终点,达到控制测定的误差不大于0.2%。滴定分析是一种简单、迅速、准确度高的分析方法。

标准溶液即已知准确浓度的溶液。标准溶液的配制有直接配制法和间接配制法两种。直接配制法是指直接称取基准物质或量取优级纯试剂,溶解后用容量瓶配制。间接配制法是指先配制成近似所需浓度的溶液,再用基准物质或另一种已知浓度的标准溶液来通过滴定的方法确定浓度,该方法也称为标准溶液的标定。

基准物质是指能够直接用于配制标准溶液的物质。基准物质应该满足的条件:组成恒定,组成与化学式完全相符(含有结晶水的,其含量也与化学式相符);纯度高,要求纯度在99.9%以上;性质稳定,在空气中放置时不分解、不吸潮,不与空气中的成分反应,不失去结晶水等;最好具有较大的摩尔质量,以减小称量时的相对误差。

用来标定NaOH标准溶液的基准物质有多种,常见的基准物质有 $H_2C_2O_4 \cdot 2H_2O$ 和邻苯二甲酸氢钾。本实验选用邻苯二甲酸氢钾($KHC_8H_4O_4$)作为基准物质,用酚酞作为指示剂指示滴定终点。达到滴定终点时,终点颜色由无色变为微红色。标定时的反应方程式为

$$C_6H_4(COOH)(COOK) + NaOH \longrightarrow C_6H_4(COONa)(COOK) + H_2O$$

NaOH标准溶液的浓度可由下式来计算求得:

$$C_{NaOH} = \frac{m_{KHC_8H_4O_4}}{V_{NaOH} \times \frac{M_{KHC_8H_4O_4}}{1000}} \text{(mol/L)}$$

式中:$m_{KHC_8H_4O_4}$ 为所称取的邻苯二甲酸氢钾的质量(g);$M_{KHC_8H_4O_4}$ 为邻苯二甲酸氢钾

的摩尔质量(g/mol);V_{NaOH}为所消耗的 NaOH 的体积(mL)。

若用 $H_2C_2O_4 \cdot 2H_2O$ 作为基准物质标定 NaOH 标准溶液,反应方程式如下:

$$H_2C_2O_4 \cdot 2H_2O + 2NaOH = 2Na_2C_2O_4 + 4H_2O$$

反应完全时,pH 值的范围为 7.7～10.0,故可选用酚酞作为指示剂(变色范围是 pH 值为 8～10)。

三、实验用品

25.00 mL 碱式滴定管、1000 mL 容量瓶、电子天平、分析天平、250 mL 锥形瓶、100 mL 烧杯、滴定管架/台、蝴蝶夹/滴定管夹、胶头滴管等。

NaOH(A.R)、邻苯二甲酸氢钾(基准物质,105～110 ℃干燥至恒重)、酚酞指示剂、去离子水等。

四、实验内容

(1)0.1 mol/L NaOH 标准溶液的配制。

配制方法一。直接称取 4.4 g NaOH 固体于小烧杯中,加入新煮沸的冷却至室温的去离子水溶解,转移至 1000 mL 容量瓶并定容至刻度线,摇匀。

配制方法二。用电子天平称取固体 NaOH 约 120 g,加去离子水 100 mL,振荡使之溶解,配成饱和溶液(质量分数约为 52%,相对密度约为 1.56),冷却后置于塑料瓶中静置数日,以除去不溶于饱和氢氧化钠的碳酸钠,澄清后备用。配制 0.1 mol/L NaOH 标准溶液时,准确量取上层 NaOH 饱和水溶液 5.60 mL 于 1000 mL 容量瓶中,用新煮沸的冷却至室温的去离子水定容至刻度线,摇匀后再进行标定。

(2)0.1 mol/L NaOH 标准溶液的标定。

用分析天平准确称取 0.4～0.5 g 邻苯二甲酸氢钾 3 份,分别置于 250 mL 锥形瓶中,加 20～30 mL 新煮沸过的去离子水,小心摇动使其溶解后,滴加 2～3 滴酚酞指示剂。

25.00 mL 碱式滴定管清洗、检漏后,用少量 NaOH 标准溶液润洗 3 次,注意要润洗橡胶管和尖嘴部分。装入 NaOH 标准溶液至 0 刻度线左右,如图 3-4 所示进行排空操作,使得溶液充满滴定管下端的橡胶管和尖嘴部分。补装标准溶液滴定至 0 刻度线以上,用右手的食指和中指提住滴定管的上端开始定容操作。抬起手臂使视线可与滴定管 0 刻度平视,左手控制滴定管下端滴液速度,将管内液面下降至凹液面与 0 刻度线相切的位置。

如图 3-5 所示进行滴定,注意滴液速度在初期可以快一点,以下方锥形瓶中红色消退上方可滴落下一滴为标准，后期在锥形瓶中红色消退缓慢时改用半滴操作，锥形瓶中溶液呈微红色，且 30 s 内不褪色即为终点。

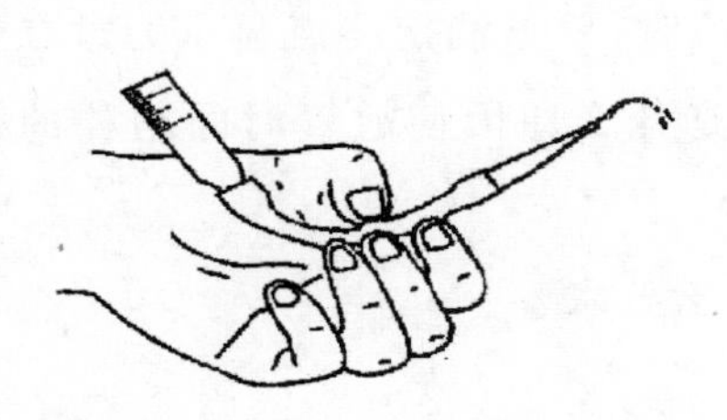

图 3-4　碱式滴定管的排空操作

图 3-5　碱式滴定管的滴定操作

（3）平行滴定 3 次，记下每次标定所用 NaOH 溶液的体积，计算确定所配溶液的浓度。要求 3 份测定结果的相对平均偏差小于 0.2%，否则重新标定。

五、实验结果

项目	1	2	3
$m_{KHC_8H_4O_4}$ /g			
$V_{NaOH_{始}}$ /mL			
$V_{NaOH_{末}}$ /mL			
$\triangle V_{NaOH}$ /mL			
C_{NaOH} /(mol/L)			
$C_{NaOH_{平均}}$ /(mol/L)			

相对平均偏差计算：

六、注意事项

（1）滴定时应注意，开始滴定速度可稍快些，但不能滴成线，当锥形瓶出现大面积变色时，滴定速度要变慢，振荡幅度要稍大，接近滴定终点时改用半滴操作。

（2）半滴滴定剂操作要领：悬而未滴，与锥形瓶瓶壁碰一下，用洗瓶将挂在内壁的半滴溶液冲洗入锥形瓶内。

（3）不能等计算浓度时才发现数据不准，需要及时发现并对比数据之间的差异。

七、思考题

(1)为什么 NaOH 标准溶液宜用间接配制法配制，而不宜用直接配制法配制？

(2)实验中称取 0.4～0.5 g 邻苯二甲酸氢钾，是如何确定其质量范围的？

(3)为什么在以酚酞为指示剂的标定 NaOH 溶液时，要求滴定终点显示为微红色且 30 s 内不褪色？30 s 后褪色也是达到了滴定终点，是什么原因使放置时间稍长的微红色溶液褪色？

(4)标准溶液的标定中，对基准物质的选用有什么要求？

实验七　食用白醋中醋酸含量的测定

一、实验目的

(1)掌握弱酸浓度测定的方法和适用范围。

(2)进一步练习溶液的稀释操作。

(3)进一步练习滴定操作和滴定终点的判断。

二、实验原理

酱色的食醋中酸性物质的主要成分是醋酸(CH_3COOH),此外还含有少量的其他弱酸,如乳酸等,其中醋酸含量通常大于 3 g/100 mL。而白醋除了含少量醋酸之外,不含或极少含其他成分,以蒸馏过的酒发酵制成,或直接用食品级别的醋酸兑制,无色,味道单纯。白醋常用于烹调,可用做腌制酸辣菜、酸萝卜等风味小吃,也可用做家用清洁剂,如清洗咖啡机内部的积垢。

醋酸是一种有机弱酸,其离解常数 $Ka=1.76\times10^{-5}$,其满足 $c\cdot Ka\geqslant1.0\times10^{-8}$,可用 0.1 mol/L NaOH 标准溶液直接滴定,反应方程式如下:

$$CH_3COOH+NaOH \xlongequal{} CH_3COONa+H_2O$$

化学计量点时反应产物是 NaAc,即 CH_3COONa,是一种强碱弱酸盐,0.1 mol/L该溶液的 pH 值为 8.9,本实验中其溶液的 pH 值在 8.7 左右。酚酞做指示剂时颜色有变化,pH 值为 8~10,滴定终点时溶液的 pH 值正处于其变色范围内,因此本实验采用酚酞做指示剂。

食用醋中醋酸的含量范围是 3~5 g/100 mL,需要适当稀释后再进行滴定。白醋可以稀释后直接滴定,一般的食醋由于颜色较深,可用中性活性炭脱色后再进行滴定。

三、实验用品

10.00 mL 吸量管、25.00 mL 移液管、100 mL 容量瓶、25.00 mL 碱式滴定管、250 mL 锥形瓶、100 mL 烧杯、滴定管架/台、蝴蝶夹/滴定管夹、胶头滴管等。

NaOH 标准溶液(已标定)、白醋、酚酞指示剂、去离子水等。

四、实验内容

1. 白醋的稀释

用 10.00 mL 吸量管准确移取白醋至 100 mL 容量瓶中,加水稀释至刻度线,摇匀,得到浓度为原浓度 1/10 的待测液。

2. 醋酸浓度的测定

用移液管准确吸取上述稀释后的待测液 25.00 mL，置于 250 mL 干净的锥形瓶中，加入 1～2 滴酚酞指示剂摇匀后，用已经标定过的 NaOH 标准溶液（粗配浓度 0.1 mol/L）进行滴定。

当滴入 NaOH 标准溶液，指示剂褪色较慢后改用半滴操作，至加入半滴 NaOH 标准溶液使待测液呈现微红色，且 30 s 内不褪色即为终点。

平行滴定 3 次，记录滴定前后滴定管中 NaOH 溶液的体积。

写出相关计算公式，计算确定稀释后白醋溶液中醋酸的含量（g/mL），并给出所测白醋中醋酸的含量（g/mL），判断是否在商品标签所示范围内。

要求 3 次测定结果的相对平均偏差小于 0.3%，否则重新测定。

五、实验结果

项目	1	2	3
$V_{白醋}$/mL			
$V_{NaOH_{始}}$/mL			
$V_{NaOH_{末}}$/mL			
$\triangle V_{NaOH}$/mL			
$\rho_{待测液}$/(g/mL)			
$\rho_{待测液平均}$/(g/mL)			

$\rho_{白醋}$/(g/100 mL) = ______________。

相对平均偏差计算：

六、思考题

（1）NaOH 标准溶液测定白醋中的醋酸含量采用哪种滴定方式？

（2）弱酸能够通过滴定测量含量的要求是什么？为什么醋酸含量可以用滴定的方式进行测定？

实验八　0.1 mol/L HCl 标准溶液的配制与标定

一、实验目的

(1)掌握配制 HCl 标准溶液的方法。

(2)掌握用 Na_2CO_3 作为基准物质标定 HCl 标准溶液的原理和方法。

(3)进一步练习滴定操作。

二、实验原理

盐酸一般为无色透明的液体,其中 HCl 的质量百分含量为 36%～38%,相对密度约为 1.18。由于 HCl 容易挥发,且原始浓度不确定,故 HCl 标准溶液需用间接法配制。用来标定 HCl 标准溶液常用的基准物质有 $Na_2B_4O_7 \cdot 10H_2O$ 和无水 Na_2CO_3 两种,实验室也常用标定过的 NaOH 标准溶液来标定 HCl 标准溶液。

本实验采用无水 Na_2CO_3 作为基准物质,反应方程式如下:

$$Na_2CO_3 + HCl = NaHCO_3 + NaCl$$

$$NaHCO_3 + HCl = NaCl + H_2O + CO_2 \uparrow$$

用甲基橙作为指示剂(变色范围的 pH 值为 3.1～4.4),终点颜色由黄色变为橙色。也可以用甲基红—溴甲酚绿混合指示剂(变色时 pH 值为 5.1)指示滴定终点,则终点颜色由绿色转变为酒红色。HCl 标准溶液的浓度可由下式来计算求得:

$$C_{HCl} = \frac{2m_{Na_2CO_3}}{V_{HCl} \cdot M_{Na_2CO_3}} \times 1000 (mol/L)$$

式中:$M_{Na_2CO_3}$ 为碳酸钠的摩尔质量(106 g/mol);$m_{Na_2CO_3}$ 为称取的无水 Na_2CO_3 的质量(g);V_{HCl} 为消耗的 HCl 的体积(mL)。

若用 $Na_2B_4O_7 \cdot 10H_2O$ 作为基准物质标定 HCl 标准溶液,反应方程式如下:

$$Na_2B_4O_7 + 2HCl + 5H_2O = 2NaCl + 4H_3BO_3$$

化学计量点时,产物 H_3BO_3 为弱酸性,pH 值约为 5,可选用甲基红作为指示剂(变色范围为 4.4～6.2),终点颜色由黄色变为橙色。

三、实验用品

25.00 mL 酸式滴定管、10.0 mL 量筒、250 mL 锥形瓶、100 mL 烧杯、分析天平、1000 mL 容量瓶、滴定管架/台、蝴蝶夹/滴定管夹、胶头滴管等。

浓盐酸、无水 Na_2CO_3、甲基橙指示剂、去离子水等。

四、实验内容

1. 0.1 mol/L HCl 标准溶液的配制

用 10.0 mL 量筒量取浓盐酸 9 mL，转移至 1000 mL 容量瓶中，先加水稀释至刻度，摇匀，然后加去离子水稀释至 1000 mL，摇匀。

2. 0.1 mol/L HCl 标准溶液的标定

用分析天平采用减量法准确称取 0.10～0.12 g 无水 Na_2CO_3 一份，置于 250 mL 锥形瓶中，加约 40 mL 去离子水，小心摇动使其溶解后，滴加 2～3 滴甲基橙指示剂。

25.00 mL 酸式滴定管使用前要进行清洗和检漏，若滴定管漏液则需要进行涂油处理再进行检漏，若滴定管不漏液则用少量 HCl 标准溶液润洗 3 次，注意要润洗活塞和下端尖嘴部分。装入 HCl 标准溶液至 0 刻度线附近，打开滴定管活塞放液，使得溶液充满滴定管下端尖嘴部分。补装标准溶液滴定至 0 刻度线以上，用右手的食指和中指提住滴定管的上端开始定容操作。抬起手臂使视线可与滴定管 0 刻度线平视，左手控制滴定管下端滴液速度，将管内液面下降至凹液面与 0 刻度线相切。

如图 3-6 所示进行滴定，注意滴液速度在初期可以快一点，以下方锥形瓶中红色消退仍呈现黄色上方可滴落下一滴为标准，后期在锥形瓶中红色消退缓慢时改用半滴操作，锥形瓶中溶液由黄色变为橙色即为终点。

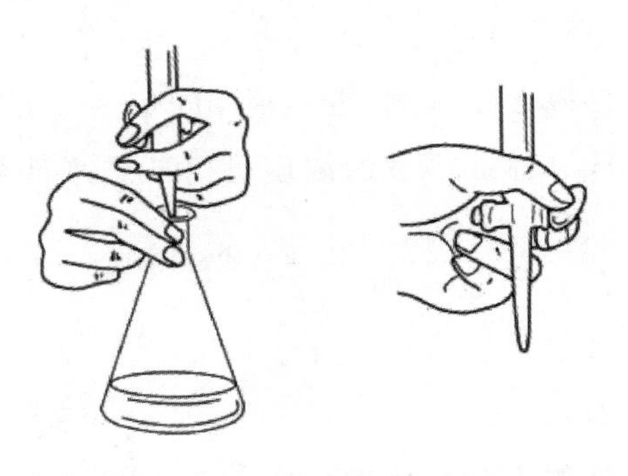

图 3-6　酸式滴定管的滴定操作示意图

若采用甲基红—溴甲酚绿混合指示剂，则滴定至溶液由绿色变为酒红色后，再将锥形瓶中的混合液煮沸 2 min，冷却至室温，继续用 HCl 标准溶液滴定至溶液由绿色变为酒红色，即为终点。

平行滴定 3 次，记下每次标定前后所用 HCl 溶液的体积和每次称量的无水 Na_2CO_3 的质量，从而计算 HCl 标准溶液的浓度。

要求 3 次测定结果的相对平均偏差小于 0.3%，否则重新标定。

五、实验结果

项目	1	2	3
$m_{Na_2CO_3}$/g			
$V_{HCl始}$/mL			
$V_{HCl末}$/mL			
$\triangle V_{HCl}$/mL			
C_{HCl}/(mol/L)			
$C_{HCl平均}$/(mol/L)			

相对平均偏差计算：

六、注意事项

(1)用无水 Na_2CO_3 作为基准物质的优点是易提纯且价格便宜；缺点是其摩尔质量小、具有吸湿性，使用前需在 180 ℃的环境中充分干燥，然后放在干燥器中保存。Na_2CO_3 在空气中易吸潮，称量时动作要迅速，采用减量法。硼砂具有摩尔质量大、吸湿性小等优点，但由于含有结晶水，在相对湿度较小时易风化而失水。

(2)Na_2CO_3 标定 HCl 时，用甲基橙作为指示剂，溶液由黄色变为橙色即为终点，操作过程中要注意黄色和橙色的辨别；用甲基红—溴甲酚绿混合指示剂指示终点，由于溶液中 HCO_3^--H_2CO_3 缓冲体系的存在，使得滴定突跃不明显，指示剂颜色变化不够敏锐，影响终点的观察。因此，需煮沸除去 CO_2，溶液又由酒红色变为绿色，冷却后再继续滴定至终点。

(3)活塞的涂油操作：需要洗净后取出活塞，擦干活塞管和活塞，用玻璃棒分别在活塞管内小头部分、活塞大头部分涂少量凡士林，小心放入活塞，顺时针旋转至油膜透明。注意涂油过程中用量要适度，不要堵塞了活塞内的流通小孔，也不能将凡士林漏到尖嘴部分。

(4)酸式滴定管的排空操作：可通过迅速地旋转活塞，使溶液快速流出，将气泡带走。为了使液体迅速充满尖嘴部分，可将滴定管略微倾斜并在快速放液时抖动滴定管，减少气泡对管壁的附着。

七、思考题

(1)为什么配制 HCl 标准溶液用间接法配制,而不用直接法配制?

(2)溶解样品或稀释样品时,所加水的体积是否需要准确?

(3)滴定至终点时,为什么要将溶液煮沸?溶液煮沸后,为什么要先冷却再滴至终点?

实验九 混合碱中各组分含量的测定

一、实验目的

(1)掌握用双指示剂法测定混合碱的原理和方法。

(2)掌握双指示剂法来确定滴定终点的方法,熟悉测定结果的计算。

(3)了解酸碱滴定的实际应用。

二、实验原理

混合碱是 Na_2CO_3 与 NaOH 或 Na_2CO_3 与 $NaHCO_3$ 的混合物,由于在空气中与二氧化碳反应的程度不同,使得各组分不一样。欲测定试样中各组分的含量,通常有 $BaCl_2$ 法和双指示剂法。

双指示剂法是利用不同指示剂的变色范围不同,指示反应的不同阶段的组分含量情况。双指示剂法是指在混合碱溶液中,先加酚酞指示剂(变色范围的 pH 值为 8~10),用 HCl 标准溶液滴至红色刚好褪去,此时溶液中 NaOH 完全被中和,Na_2CO_3 也被滴定成 $NaHCO_3$,pH 值约为 8.35,此时为第一计量点,记下所耗 HCl 标准溶液的体积 V_1;然后在此混合溶液中,加入甲基橙指示剂(变色范围的 pH 值为 3.1~4.4),继续用 HCl 标准溶液滴定至甲基橙由黄色变为橙色,此时 $NaHCO_3$ 被完全中和,生成 H_2CO_3,后者分解为 CO_2 和 H_2O,pH 值约为 3.9,此时为第二计量点,记下第二次所耗 HCl 标准溶液的体积 V_2。根据 V_1 和 V_2 的相对大小,可判断出混合碱的组成,并计算出各组分的质量分数。反应方程式如下。

第一计量点:

$$NaOH + HCl \xlongequal{} NaCl + H_2O$$

$$Na_2CO_3 + HCl \xlongequal{} NaHCO_3 + NaCl$$

第二计量点:

$$NaHCO_3 + HCl \xlongequal{} NaCl + H_2O + CO_2 \uparrow$$

$BaCl_2$ 法则是取两等份混合碱试样,一份以甲基橙作指示剂,用 HCl 标准溶液滴定,由黄色变成橙色,消耗 HCl 标准溶液体积 V_1;另一份试液用 $BaCl_2$ 将 Na_2CO_3 转化为微溶的 BaCO3,然后以酚酞作指示剂,用 HCl 标准溶液滴到终点,消耗 HCl 标准溶液体积 V_2。再根据 V_1 和 V_2 计算出各组分的质量分数。

三、实验用品

酸式滴定管、锥形瓶、烧杯、药匙、量筒、电子天平等、铁架台、滴定管夹等。

混合碱试样、0.1%酚酞、0.1%甲基橙、0.1 mol/L HCl标准溶液、去离子水等。

四、实验内容

本实验采用双指示剂法。

准确称取0.15～0.2 g混合碱试样一份(质量记为m_0)，置于250 mL锥形瓶中，加入大约30 mL去离子水，小心摇动使其充分溶解后，滴加2～3滴酚酞指示剂，溶液变红色。用0.1 mol/L HCl标准溶液滴定至红色褪去后，记录消耗的HCl标准溶液体积V_1。注意酸要逐滴加入并充分摇动，以免溶液局部酸度过大，将Na_2CO_3直接中和成H_2CO_3从而变为CO_2。

然后在锥形瓶中滴加2～3滴甲基橙指示剂，溶液变黄色，继续用HCl标准溶液滴定，溶液由黄色变为橙色，记下消耗HCl标准溶液的体积V_2。

根据V_1和V_2的相对大小，先确定混合碱试样的组成，再计算出试样中各组分的质量分数。

(1)若$V_1>V_2>0$，则试样为NaOH和Na_2CO_3：

$$W_{Na_2CO_3}=\frac{C_{HCL}\times V_2\times M_{Na_2CO_3}\times 10^{-3}}{m_0}\times 100\%$$

$$W_{NaOH}=\frac{C_{HCl}\times (V_1-V_2)\times M_{NaOH}\times 10^{-3}}{m_0}\times 100\%$$

(2)若$V_2>V_1>0$，则试样为Na_2CO_3和$NaHCO_3$：

$$W_{Na_2CO_3}=\frac{C_{HCl}\times V_1\times M_{Na_2CO_3}\times 10^{-3}}{m_0}\times 100\%$$

$$W_{NaHCO_3}=\frac{C_{HCl}\times (V_2-V_1)\times M_{NaHCO_3}\times 10^{-3}}{m_0}\times 100\%$$

此外，若$V_1=V_2>0$，则试样只有Na_2CO_3；若$V_1=0$，$V_2>0$，则试样只有$NaHCO_3$；若$V_1>0$，$V_2=0$，则试样只有NaOH。

五、实验结果

项目	1	2	3
m_0/g			
$V_{HCl_{始}}$/mL			

续表

项目	1	2	3
$V_1(V_{HCl_{末}1}-V_{HCl_{始}})$/mL			
$V_2(V_{HCl_{末}2}-V_{HCl_{末}1})$/mL			

混合碱的组成：

各组分含量计算：

六、思考题

(1)为什么可以用双指示剂法测定混合碱中各组分的含量？

(2)测定一批混合碱试样时，若出现：① $V_1<V_2$；② $V_1=V_2$；③ $V_1>V_2$；④ $V_1=0$，$V_2\neq0$；⑤ $V_1\neq0$，$V_2=0$ 五种情况时，各试样的组成有何差别？

实验十　酸度计测量溶液pH值和缓冲溶液性质检验

一、实验目的

(1)学习酸度计测量溶液pH值的方法。

(2)掌握缓冲溶液的原理、配制及性质检验。

二、实验原理

能够抵抗外加少量酸、碱或适当稀释,而本身pH值基本保持不变的溶液,称为缓冲溶液。构成缓冲溶液的一对共轭酸碱对,称为缓冲对。常见缓冲对组成:弱酸及其共轭碱、弱碱及其共轭酸、两性物质。缓冲溶液的pH值可如下计算:

$$\mathrm{pH} = \mathrm{p}K_a + \lg \frac{C_{碱}}{C_{酸}} \qquad \mathrm{pOH} = \mathrm{p}K_b + \lg \frac{C_{酸}}{C_{碱}}$$

当$C_{酸}$与$C_{盐}$的比值在0.1～10之间时,溶液才具有较大的缓冲作用,亦即缓冲溶液的缓冲范围为

$$\mathrm{pH}=\mathrm{p}K_a \pm 1 \quad 或 \quad \mathrm{pOH}=\mathrm{p}K_b \pm 1$$

缓冲溶液的缓冲能力是有限的,大量外来酸、碱或稀释会破坏其缓冲能力。

三、实验用品

酸度计、100 mL烧杯、250 mL锥形瓶、50 mL量筒、玻棒等。

0.1 mol/L HAC溶液、0.1 mol/L NaAc溶液、2 mol/L HAC溶液、2 mol/L NaAc溶液、标准缓冲溶液(pH值分别为4.00和6.86)、6.0 mol/L NaOH溶液、6.0 mol/L HCl溶液等。

四、实验内容

1.酸度计的组件和使用方法

以雷磁新实验室样本2022中雷磁PHS-3C/3E型pH计为例,说明校正方法和使用方法,其他品牌和型号的差别主要在测量精度和外形设计上。图3-7所示的是雷磁PHS-3C型pH计和面板示意图(图片来源自雷磁官网 http://www.lei-ci.com/)。表3-3所示的是PHS-3C/3E型pH计主要技术参数。

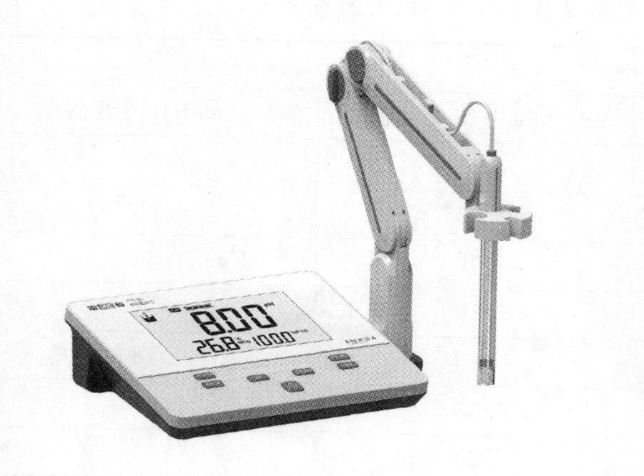

图 3-7　雷磁 PHS-3C 型 pH 计和面板示意图

表 3-3　PHS-3C/3E 型 pH 计主要技术参数

技术参数		型号	
		PHS-3C	PHS-3E
仪器级别		0.01 级	0.01 级
电压	范围	(−1999～1999) mV	(−1999～1999) mV
	最小分辨率	1 mV	1 mV
	电子单元示值误差	±0.1%FS	±0.1%FS
pH 值	范围	(−2.00～18.00) pH	(−2.00～18.00) pH
	最小分辨率	0.01 pH	0.01 pH
	电子单元示值误差	±0.01 pH	±0.01 pH
温度	范围	(−5.0～110.0) ℃	/
	最小分辨率	0.1 ℃	/
	电子单元示值误差	±0.2 ℃	/

1)使用前准备

按说明书要求配制电极补充液，即参比液。将电极保护盖旋开，依次拆下电极保护瓶和电极保护瓶盖，拉下电极上端加液口的橡皮套使其露出上端小孔，检查电极内补充液位高度，及时补充至加液口处。注意观察 Q9 短路插头卡口处，捏住螺纹处旋转取下，并妥善保管，并用相同的方式插入电极接口。安装电极支架，将电极卡入电极支架并调节电极夹到适当位置。按照说明书要求配制 pH 值(25 ℃)为 4.00、6.86、9.18 的 pH 计校正缓冲溶液。pH 计校正缓冲溶液的 pH 值与温度(5～35 ℃)的对应关系如表 3-4 所示。

表 3-4 缓冲溶液的 pH 值与温度(5～35 ℃)的对应关系

温度/℃	pH 值		
	0.05 mol/L 邻苯二甲酸氢钾	0.025 mol/L 混合磷酸盐	0.01 mol/L 四硼酸钠
5	4.00	6.95	9.39
10	4.00	6.92	9.33
15	4.00	6.90	9.23
20	4.00	6.88	9.18
25	4.00	6.86	9.18
30	4.01	6.85	9.14
35	4.02	6.84	9.11

2)标定

仪器使用前,先要标定,一般来说,仪器在连续使用时,每天要标定一次。

一点标定法:用一种 pH 缓冲溶液进行的校准的方法。

二点标定法:用两种 pH 缓冲溶液进行的校准的方法。

在标定与测量过程中,每更换一次溶液,必须对电极进行清洗并用滤纸吸干后再用。

电极清洗方法:取下复合电极前端的电极保护瓶(注意电极保护瓶里面的参比液不要弄撒了),拉下电极上端的橡皮套使其露出上端小孔。用蒸馏水冲洗电极,再用滤纸轻轻吸干电极外部、球泡的水。

标定法操作方法如下。

(1)接通电源,按电源键打开仪器,预热十分钟左右。按“mV/pH/▲”键选择进入 pH 测量状态,显示屏上排数字显示表示的数字,如图 3-8(a)所示。

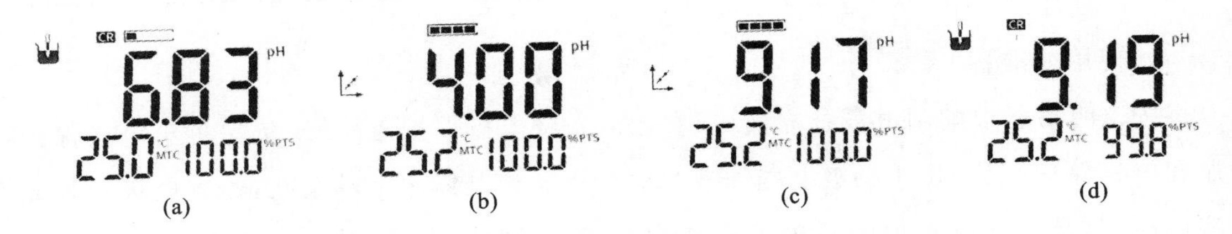

图 3-8 标定过程中仪器显示屏

(2)用温度计测量缓冲液温度,按设置键,选择功能 2,再按确认键进入温度设定,通过“▲”“▼”键设定溶液温度,设定完成按确认键回到 pH 测量状态。

(3)将按标定键进入标定状态,将电极放入 pH 值为 4.00 的缓冲溶液中,电极没入溶液的高度不得低于测量端,不得高于电极加液口,同时电极内参比液面应高于样品液面 10 mm 以上,电极测量端不得触碰烧杯底部及侧壁。待读数稳定后,按确认键完成第一点标定,如图 3-8(b)所示。

(4)清洗电极后放入 pH 值为 9.17 的缓冲溶液中,待读数稳定后,按确认键完成第二点标定,如图 3-8(c)所示。仪器最多支持 3 点标定,两点标定完按取消键结束标定回到 pH 测量状态,并显示电极斜率值,如图 3-8(d)所示。电极斜率值在 95%~105%时,说明电极状态良好。

3)pH 值的测量

经标定过的仪器,即可用来测量被测溶液,测量时为保证精度,应使电极前端的球泡全部浸入溶液,电极离容器底部及侧壁 1~2 cm,溶液应保持可均速流动且无气泡。当读数稳定后就可以读取数据。按 pH/mV 键可以切换 pH 值和 mV 的结果显示;也可按存贮键,保存测量结果,连续测量完毕通过按设置键,选择功能 3 查阅存储的数据。长按电源键 3 s 以上可关闭仪器。

2. 缓冲溶液的配制和性质检测

(1)缓冲溶液的配置:分别用量筒量取 50.0 mL 的 0.1 mol/L HAc 溶液和 0.1 mol/L NaAc 溶液,加入到 250 mL 的干净烧杯混合均匀,用酸度计测其 pH 值并与理论计算值相比较。

(2)缓冲溶液的性质检验:将上述缓冲溶液平均分装到 4 只 50 mL 的小烧杯,编号为 1#~4#。在 2#烧杯中加入 2 滴 6.0 mol/L 的 NaOH 溶液、3#烧杯中加入 2 滴 6.0 mol/L 的 HCl 溶液、4#烧杯中加入 10.0 mL 的蒸馏水。

另准备两只 50 mL 的小烧杯,编号为 5#和 6#,在 5#和 6#烧杯中各加入 30.0 mL 的蒸馏水,并在 6#烧杯中加入 2 滴 6.0 mol/L 的 HCl 溶液。

分别测试 1#~6#小烧杯中溶液的 pH 值,体会"缓冲溶液"的含义。

五、实验结果

烧杯编号	1#	2#	3#	4#	5#	6#
测量 pH 值						
结论						

六、注意事项

(1)雷磁 PHS-3C/3E 型 pH 计开机后,再次按电源键可调整背光,长按电源键 3 s 以上可关闭仪器。电极内填充液结晶是正常现象,可用去离子水冲洗消除。仪器使用完毕后,关闭仪器,并将 Q9 短路插头接入测量接口保护仪器。仪器接入短路插头时,

mV 值应显示在 0 mV 附近。

（2）配备手动调节的旋钮型酸度计，使用前通过旋钮选择 pH/mV 测量模式，手动旋动温度旋钮设置测量温度。标定前将斜率旋钮顺时针旋到最大位置。用中性缓冲溶液调节定位，电极放入 pH 值为 6.86 的缓冲溶液，旋动定位旋钮至读数为当前对应的数值；酸性（测量范围在酸性范围）/碱性（测量范围在碱性范围）缓冲溶液调节斜率，电极分别放入 pH 值为 4.00、9.17 的缓冲溶液，旋动斜率旋钮至读数为当前对应的数值。重复调节定位和斜率旋钮至读数和缓冲溶液当前温度下数值一致。同一天如果需要同时测酸性和碱性溶液的 pH 值，应分别标定后再进行对应范围内的测量。

（3）不同型号的酸度计有不同的使用条件、测量精度和测量范围，使用前应认真阅读使用说明书。

七、思考题

（1）什么叫缓冲溶液？如何计算缓冲溶液的 pH 值？

（2）简述酸度计的校正步骤。

实验十一　醋酸电离度和电离常数的测定(pH 法)

一、实验目的

(1)了解弱酸电离度和电离常数的测定方法。

(2)掌握酸度计的使用方法。

二、实验原理

醋酸(CH_3COOH)是一种弱电解质。在水中存在如下平衡:

$$HAc \rightleftharpoons H^+ + Ac^-$$

其电离常数的表达式:

$$K_a = \frac{[H^+][Ac^-]}{[HAc]} = \frac{Ca^2}{1-a}$$

其中:$[H^+]$、$[Ac^-]$和$[HAc]$分别为 H^+、Ac^- 和 HAc 的平衡浓度,K_a为 HAc 的电离常数,C 为醋酸的起始浓度,a 为醋酸的电离度。

醋酸溶液的起始浓度可以用 NaOH 标准溶液滴定测得。在一定温度下,用酸度计测量一系列已知准确浓度的醋酸的 pH 值,根据 $pH=-\lg[H^+]$,算出$[H^+]$,再根据$[H^+]=Ca$,便可求得电离度 a 和电离平衡常数 K_a的值。

电离度 a 随初浓度 C 而变化,而电离常数与 C 无关,因此在一定温度下,对于一系列不同浓度的醋酸溶液,$\frac{Ca^2}{1-a}$ 值近似地为一常数,取所得一系列 $\frac{Ca^2}{1-a}$ 的平均值,即为该温度下醋酸的电离常数 K_a。

三、实验用品

酸度计、25.00 mL 移液管、25.00 mL 碱式滴定管、250 mL 锥形瓶、100 mL 干燥烧杯、洗耳球、温度计等。

0.1000 mol/L HAc、0.1000 mol/L NaOH(已标定)、缓冲溶液(pH 值分别为 4.00 和 6.86)、酚酞指示剂等。

四、实验内容

1. HAc 溶液浓度的标定

用洁净的 25.00 mL 移液管吸取待测醋酸溶液 25.00 mL 于 250 mL 锥形瓶中,加入酚酞指示剂 2～3 滴，用 NaOH 标准溶液滴定至溶液呈微红色且半分钟内不褪色为止，记下所用的 NaOH 标准溶液体积。平行测定 3 次，算出醋酸溶液的浓度 C（单位是 mol/L）。

2. 配制不同浓度的醋酸溶液

将 4 只干燥烧杯编成 1～4 号。在 1 号烧杯中，用移液管准确移入 50.00 mL 上面已标定的醋酸溶液。在 2 号烧杯中，用移液管准确移入 25.00 mL 上面已标定的醋酸溶液，再准确移入 25.00 mL 去离子水。用同样的方法按照表 3-5 所示的烧杯编号数配制不同浓度的醋酸溶液。

表 3-5 醋酸电离常数的测定数据表

烧杯编号	HAc 的体积 /mL	H_2O 的体积 /mL	HAc 的浓度 /(mol/L)	pH 值	$[H^+]$	a	$K_a=\frac{[H^+]^2}{C-[H^+]}$
1	50.00	0.00					
2	25.00	25.00					
3	15.00	35.00					
4	5.00	45.00					

测定时的温度为____________；醋酸的电离常数 $K_{a平}$____________。

3. 测定 HAc 溶液的 pH 值、a 和 K_a

把以上四种不同浓度的醋酸溶液，按由稀至浓的次序依次在酸度计上分别测定它们的 pH 值，记录数据和室温，计算电离度和电离常数。

五、实验结果

填写表 3-5，完成电离度 a 和电离常数 K_a的计算。

六、思考题

（1）改变被测 HAc 溶液的浓度或温度，则电离度和电离常数有无变化？若有变化，会有怎样的变化？

（2）若所用 HAc 溶液的浓度极小，是否能用 $K_a=\frac{[H^+]^2}{C}$ 求电离常数？

实验十二　$KMnO_4$标准滴定溶液($KMnO_4$ 标液)的配制与标定

一、实验目的

(1)了解温度、滴定速度等对滴定分析结果的影响。

(2)掌握 $KMnO_4$溶液的配制方法和标定原理。

(3)熟悉有色溶液滴定的读数方法。

二、实验原理

$KMnO_4$试剂中常含有少量 MnO_2和其他杂质,由于 $KMnO_4$的氧化能力强,易和水中的有机物及空气中的尘埃等还原性物质作用,而且还原产物 MnO_2又可加速 $KMnO_4$的自身分解。所以 $KMnO_4$溶液的浓度容易改变,不能用直接法配制。

标定 $KMnO_4$溶液的基准物质有 $Na_2C_2O_4$、$H_2C_2O_4 \cdot 2H_2O$、$(NH_4)_2Fe(SO_4)_2 \cdot 6H_2O$(俗称摩尔盐)和 As_2O_3等。其中,$Na_2C_2O_4$不含结晶水,容易提纯,没有吸湿性,是常用的基准物质。

在酸性溶液中,$C_2O_4^{2-}$与 MnO_4^- 的反应:

$$2MnO_4^- + 5\ C_2O_4^{2-} + 16H^+ = 2\ Mn^{2+} + 10\ CO_2\uparrow + 8\ H_2O$$

此反应室温下进行得很慢,必须加热至 75~85 ℃,但温度也不宜过高,否则易引起草酸分解:

$$H_2C_2O_4 = H_2O + CO_2\uparrow + CO\uparrow$$

滴定中,最初几滴 $KMnO_4$即使在加热情况下,与 $C_2O_4^{2-}$反应仍然很慢,当溶液中产生 Mn^{2+}后,反应速度才逐渐加快,因为 Mn^{2+}对反应有催化作用。这种作用叫作自动催化作用。

三、实验用品

25.00 mL 棕色酸式滴定管、10.00 mL 移液管、250 mL 容量瓶、250 mL 锥形瓶等。

$KMnO_4$、草酸钠($Na_2C_2O_4$)、3 mol/L H_2SO_4溶液、去离子水等。

四、实验内容

1. 0.02 mol/L $KMnO_4$标液的配制

称取 3.2 g 纯高锰酸钾加入 1000 mL 烧杯中,加 500 mL 水加热溶解,然后稀释至

1000 mL，静置一周以上，用玻璃制成的虹吸管，吸取上层清液存放在棕色细口瓶中。若为了缩短时间亦可将制备的溶液加热至沸腾并保持微沸一小时，冷却后用布氏漏斗或砂芯漏斗过滤，滤液存放在棕色细口瓶中，静置 2～3 天后过滤备用。

2. $KMnO_4$ 标液的标定

准确称取 0.13～0.17 g 基准物质 $Na_2C_2O_4$ 3 份，分别置于 250 mL 锥形瓶中，加水约 50 mL 溶解，再加入 3 mol/L H_2SO_4 溶液 10 mL，水浴加热至 75～85 ℃，趁热用高锰酸钾进行滴定。

开始时，滴定速度不宜过快，只能滴几滴，充分摇匀待红色褪去后，滴定速度保持下方红色褪去上方滴下一滴的速度进行滴定，直至溶液呈微红且 30 s 内不褪色即为终点，滴定后溶液温度不宜低于 60 ℃。平行测定 3 份，根据称取的草酸钠质量和消耗的高锰酸钾的体积计算出高锰酸钾的准确浓度，要求相对平均偏差不大于 0.3%。

五、实验结果

项目	1	2	3
$m_{草酸钠}$/g			
$V_{KMnO_4 始}$/mL			
$V_{KMnO_4 末}$/mL			
$\triangle V_{KMnO_4}$/mL			
C_{KMnO_4}/(mol/L)			
$C_{KMnO_4 平均}$/(mol/L)			

平均偏差计算：

六、注意事项

(1)溶液颜色深，不易观察弯月面，故从液面最高边缘读取滴定管读数。

(2)滴定的开始阶段速度要慢，待溶液中产生 Mn^{2+} 以后，反应速度才逐渐加快，再适当加快滴定速度。

七、思考题

(1)在实验过程中，加酸、加热和控制滴定速度的目的是什么？

(2)草酸钠和结晶草酸相比，在标定高锰酸钾时有什么优势？

实验十三 高锰酸钾法测定过氧化氢的含量

一、实验目的

(1)掌握高锰酸钾法测定H_2O_2的原理、滴定条件和操作步骤。

(2)进一步掌握高锰酸钾法滴定操作技能。

二、实验原理

H_2O_2是医药上的消毒剂,也是化学工业及实验中常用的氧化剂,用H_2O_2作氧化剂的优点是不会带进任何杂质,过量的H_2O_2通过加热可以除去,即

$$2H_2O_2 \xlongequal{\triangle} 2H_2O + O_2 \uparrow$$

H_2O_2中氧的氧化数是-1,既具有氧化性,又具有还原性。H_2O_2含量的测定方法常见的有两种:一种是利用其氧化性的碘量法;另一种是利用其还原性的高锰酸钾法。本实验所采用的是高锰酸钾法,其反应如下:

$$5H_2O_2 + 2MnO_4^- + 6H^+ \xlongequal{} 2Mn^{2+} + 8H_2O + 5O_2 \uparrow$$

滴定反应进行过程中,紫红色的$KMnO_4$被还原为近无色的Mn^{2+},到达终点时,溶液呈现$KMnO_4$特殊的紫红色,利用这一现象可判断反应的终点,故无须另加指示剂。

三、实验用品

25.00 mL棕色酸式滴定管、25.00 mL移液管、250 mL容量瓶、250 mL锥形瓶等。

市售30%H_2O_2样品、0.02 mol/L $KMnO_4$溶液、3 mol/L H_2SO_4溶液、去离子水等。

四、实验内容

用25.00 mL移液管移取25.00 mL H_2O_2样品(浓度约30%),置于250 mL容量瓶中,加水稀释至刻度线,摇匀。用移液管移取稀释过的H_2O_2溶液25.00 mL,置于250 mL锥形瓶中,加3 mol/L H_2SO_4溶液10 mL,加去离子水50 mL,用$KMnO_4$标准溶液滴定溶液呈微红色且保持30 s内不褪色即为终点,记录消耗$KMnO_4$标准溶液的体积。平行测定3次,计算未经稀释样品中H_2O_2的质量浓度(g/L),要求相对平均偏差不大于0.3%,则有

$$C_{H_2O_2} = \frac{\frac{5}{2} C_{KMnO_4} V_{KMnO_4} M_{H_2O_2}}{\frac{25.00}{250.00} \times 25.00}$$

五、实验结果

项目	1	2	3
$V_{H_2O_2}$/mL			
$V_{KMnO_4始}$/mL			
$V_{KMnO_4末}$/mL			
$\triangle V_{KMnO_4}$/mL			
$C_{H_2O_2}$/(g/L)			
$C_{H_2O_2平均}$/(g/L)			

相对平均偏差计算：

六、注意事项

(1)市售 H_2O_2为含量30%的水溶液，其性质极不稳定，滴定前需用水稀释到一定浓度(3%)。药用双氧水含2.5%～3.5%的 H_2O_2，滴定前不需要稀释试样。

(2)0.02 mol/L高锰酸钾溶液需提前配制，称取分析纯高锰酸钾3.2 g入1000 mL烧杯中，加500 mL水加热溶解，然后稀释至1000 mL，静置一周以上，用玻璃制成的虹吸管，吸取上层清液存放在棕色细口瓶中。若为了缩短时间亦可将制备的溶液加热至沸腾并保持微沸一小时，冷却后用布氏漏斗或砂芯漏斗过滤，滤液存放在棕色细口瓶中，静置2～3天后过滤备用。通常采用草酸钠进行标定，称取分析纯草酸钠放入称量瓶中，于烘箱中150 ℃加热1小时，然后准确称取0.13～0.17 g 3份上述样品于3个250 mL锥形瓶中，各加水50 mL及10 mL浓度为3 mol/L H_2SO_4溶液，使之溶解，并加热至75～80 ℃，然后用高锰酸钾溶液滴定。开始时滴定速度不宜过快，只能滴几滴，充分摇匀待红色褪去后，滴定速度保持下方红色褪去上方滴下一滴的速度进行滴定，溶液呈微红且30 s内不褪色即为终点，滴定后溶液温度不宜低于60 ℃。根据称取的草酸钠质量和消耗的高锰酸钾的体积计算出高锰酸钾的准确浓度。

七、思考题

(1)H_2O_2有哪些重要性质，使用时应注意些什么？

(2)用高锰酸钾法测定 H_2O_2时，为何不能通过加热来加速反应？

(3)用高锰酸钾法测定 H_2O_2时，能否用硝酸或盐酸来控制酸度？

实验十四　EDTA 标准溶液的配制和标定

一、实验目的

(1)了解 EDTA 标准溶液的配制要求。

(2)掌握常用的标定 EDTA 的方法和标定原理。

(3)掌握配位滴定终点的判断方法。

二、实验原理

EDTA 即乙二胺四乙酸,分子式简写为 H_4Y(本身是四元酸),由于在水中的溶解度很小,通常作为滴定剂的 EDTA 是指 EDTA 的二钠盐($Na_2H_2Y \cdot 2H_2O$)。EDTA 因为羧基中的 O 离子在酸性条件下可以和 H^+ 配位,相当于六元酸,在水中有六级离解平衡。它与金属离子形成螯合物时,络合比皆为 1∶1。EDTA 与金属离子结合形成的螯合物,如果金属离子本身无色,则形成的螯合物也没有颜色;如果金属离子本身显色,则形成的螯合物颜色加深。EDTA 因常吸附 0.3%的水分且其中含有少量杂质而不直接配制标准溶液,通常先把 EDTA 配制所需要的大概浓度,再用基准物质标定。

标定 EDTA 的基准物质有纯金属(纯度大于 99.95%),如 Cu、Zn、Ni、Pb,以及它们的氧化物,或某些盐类,如 $CaCO_3$、$ZnSO_4 \cdot 7H_2O$、$MgSO_4 \cdot 7H_2O$ 等。在选用纯金属作为标准物质时,应注意金属表面氧化膜的存在会带来标定时的误差,届时应将氧化膜用细砂纸擦去,或用稀酸把氧化膜溶掉。先用蒸馏水冲洗,再用乙醚或丙酮冲洗,于 105 ℃的烘箱中烘干,冷却后再称重。

EDTA 标准溶液的标定中,通常使用金属离子指示剂指示终点,金属离子指示剂一般为有机弱酸,可以与相应的金属离子生成配合物。金属离子指示剂存在着酸效应,要求显色灵敏、迅速、稳定,需要在适当的 pH 值范围进行滴定,因此经常在滴定反应体系中加入缓冲溶液控制 pH 值范围。

反应的变色原理为:滴定开始前,滴加的少量指示剂先与少量金属离子结合,显示出指示剂—金属离子配合物颜色;滴定开始后,加入的 EDTA 与大量未和指示剂结合的游离金属离子生成螯合物(标定用离子为不显色离子,故此阶段溶液仍然显示指示剂—金属离子配合物颜色,只是随着滴定剂加入被稀释颜色变淡);当接近化学计量点时,因为螯合物稳定性更高,已与指示剂配位的那小部分金属离子与指示剂分离,而与 EDTA 配位形成螯合物,释放出指示剂,溶液即显示指示剂的游离颜色。

本实验采用$CaCO_3$为基准物质标定EDTA标准溶液，用钙指示剂指示滴定终点。钙指示剂在溶液pH值为12～14的条件下显蓝色，钙指示剂遇到Ca^{2+}生成稳定的红色络合物。当溶液从红色变为蓝色，即为滴定终点。其反应方程式如下：

$$H_3Ind \longrightarrow 2H^+ + HInd^{2-}$$

滴定前：

$$Ca^{2+} + HInd^{2-} \longrightarrow CaInd^- + H^+$$

滴定中：

$$Ca^{2+} + H_2Y^{2-} \longrightarrow CaY^{2-} + 2H^+$$

滴定终点：

$$\underset{(酒红色)}{CaInd^-} + \underset{(无色)}{H_2Y^{2-}} + OH^- \longrightarrow \underset{(无色)}{CaY^{2-}} + \underset{(蓝色)}{HInd^{2-}} + H_2O$$

三、实验用品

25.00 mL酸式滴定管、25.00 mL吸量管、250 mL锥形瓶、烧杯、分析天平、电子天平、滴定管夹、10.0 mL量筒、铁架台、100.0 mL容量瓶、胶头滴管等。

EDTA二钠盐、无水碳酸钙、1∶1盐酸溶液、钙指示剂(固体，1 g钙指示剂与100 g干燥的硝酸钾混合研磨，细粉保存于细口瓶中)、$NH_3 \cdot H_2O$-NH_4Cl缓冲溶液、10% NaOH溶液等。

四、实验内容

1. 0.02 mol/L EDTA标准溶液的配制

电子天平称取4.0 g的EDTA二钠盐于烧杯中，加入约50 mL水，微热使其溶解，冷却后转入1000 mL试剂瓶(如需保存则使用聚乙烯瓶)，洗瓶冲洗烧杯2～3次，一并转入试剂瓶后，加水至500 mL，盖好瓶盖，摇匀备用。

2. 0.02 mol/L Ca^{2+}标准溶液的配制

分析天平准确称取0.2～0.25 g $CaCO_3$置于250 mL烧杯中，加少量水润湿后盖上表面皿，从烧杯嘴处逐滴滴加1∶1盐酸(3～5 mL)，至$CaCO_3$溶解并不产生气泡，加入约20 mL水，加热至微沸，保持微沸2～3分钟去除CO_2，冷却后用洗瓶冲洗表面皿凸起面和烧杯内壁，之后转移至100 mL容量瓶中定容。

3. 0.02 mol/L EDTA标准溶液的标定

用吸量管准确移取25.00 mL Ca^{2+}标准溶液置于250 mL干净的锥形瓶中，加20 mL左右的水后，再加入10 mL $NH_3 \cdot H_2O$-NH_4Cl缓冲溶液和5 mL 10% NaOH溶液，

滴加约10 mg钙指示剂后充分摇匀，溶液显色呈酒红色。

用25.00 mL酸式滴定管中的EDTA标准溶液滴定，当溶液颜色变为紫色时，即快要到达滴定终点时，滴定要慢并改用半滴操作，且充分摇振锥形瓶，当溶液由酒红色变为纯蓝色即为终点。

记下EDTA标准溶液的用量V_{EDTA}。平行标定3次，计算EDTA的浓度C_{EDTA}。

五、实验结果

项目	1	2	3
m_{CaCO_3} /g			
$V_{EDTA_{始}}$ /mL			
$V_{EDTA_{末}}$ /mL			
$\triangle V_{EDTA}$ /mL			
C_{EDTA} /(mol/L)			
$C_{EDTA_{平均}}$ /(mol/L)			

相对平均偏差计算：

EDTA标准溶液的浓度可由下式计算求得：

$$C_{EDTA}=\frac{\frac{25}{100}m_{CaCO_3}}{V_{EDTA}\times\frac{M_{CaCO_3}}{1000}}\ (\mathrm{mol/L})$$

式中：m_{CaCO_3}为所称取的碳酸钙的质量(g)；M_{CaCO_3}为碳酸钙的摩尔质量(g/mol)；V_{EDTA}为所消耗的EDTA的体积(mL)。

六、注意事项

(1)盐酸的量要控制好，不要过量，否则会影响缓冲溶液的缓冲范围。

(2)指示剂和缓冲溶液的加入顺序要特别注意，不要加反了，否则会影响溶液显色和观察。

(3)配位滴定反应的速度较慢，不像酸碱反应能瞬间完成，因此滴加螯合剂EDTA的速度不可太快，尤其是接近滴定终点时，由于存在竞争反应，需要逐滴加入并充分摇振锥形瓶，半滴操作后仔细观察颜色的变化。若不确定是否已达终点，要先读数，再滴加半滴EDTA充分摇匀，如颜色无变化则该读数已是终点，否则不是终点。

(4)如果 EDTA 二钠盐中含有的 EDTA 量较多,则在配制 EDTA 标准溶液时,即使加热固体也难以完全溶解。此时可加入少量 NaOH 溶液使 pH 值提高到 5 左右,促进溶解。

七、思考题

(1)配位滴定中常加入缓冲溶液,其作用是什么?

(2)本实验中为什么用 EDTA 标准溶液标定前,要加入 $NH_3 \cdot H_2O$-NH_4Cl 缓冲溶液和少量 NaOH 溶液?

(3)用盐酸溶解 $CaCO_3$ 时,操作需要注意什么?能否加入过量盐酸?

(4)本实验中对于 EDTA 和 $CaCO_3$ 称量哪一个需要准确?为什么?

实验十五　自来水总硬度的测定

一、实验目的

(1)掌握 EDTA 滴定法测定水的总硬度的原理和方法。

(2)了解硬度的表示方法和计算方法。

二、实验原理

硬度是工业用水、生活用水中常见的一个质量指标,实质是指水中钙、镁离子的总浓度。水的总硬度可分为总硬度和钙、镁硬度两种,也可分为暂时硬度和永久硬度。暂时硬度是指钙、镁的酸式碳酸盐,即遇热能以碳酸盐形式沉淀下来的钙、镁离子。永久硬度是指钙、镁的硫酸盐、氯化物和硝酸盐,即加热亦不沉淀下来的那部分钙、镁离子(但在锅炉运行中,溶解度低的盐可析出而成为锅垢)。由钙离子形成的硬度称为钙硬度,由镁离子形成的硬度称为镁硬度。则有

$$Ca(HCO_3)_2 \xrightarrow{\triangle} CaCO_3 \downarrow + CO_2 \uparrow + H_2O$$

$$Mg(HCO_3)_2 \xrightarrow{\triangle} MgCO_3 \downarrow + CO_2 \uparrow + H_2O$$

$$Mg(HCO_3)_2 + H_2O \xrightarrow{\triangle} Mg(OH)_2 \downarrow + CO_2 \uparrow$$

各国对水的硬度表示方法有所不同,常见的有两种表示方法:可将测得的 Ca^{2+}、Mg^{2+} 总量折算成 $CaCO_3$ 的质量,以每升水中含有 $CaCO_3$ 的质量(mg)表示;或折算成 CaO 的质量,以每升水中含 10 mg CaO 为 1°,记作 1°=10 mg/LCaO。按水的硬度大小可将水质分类,0～4°dH 为极软水,4～8°dH 为软水,8～16°dH 为中等硬水,16～30° dH 为硬水,30°dH 以上为强硬水。一般认为,硬度在 8°dH 以上为硬水,我国生活饮用水质标准规定不应超过 25°dH。另外我国《生活饮用水卫生标准》规定,生活饮用水总硬度以 $CaCO_3$ 计,不得超过 450 mg/L。

除生活饮用水对硬度有一定的要求外,各种工业用水对总硬度也有不同的要求。EDTA 滴定法测定水的总硬度是普遍认可的标准分析方法,适用于生活用水、锅炉用水、冷却水、地下水,以及没有重度污染的地表水的硬度测量。

EDTA 滴定法测定水的总硬度,一般在 pH≈10 的氨性缓冲溶液中进行,以铬黑 T (EBT)为指示剂(也可用酸性铬蓝 K-萘酚绿 B 混合指示剂,滴定终点颜色由紫红色变为蓝绿色),用 EDTA 标准溶液直接滴定,滴定终点颜色由紫红色变为纯蓝色。

滴定前,EBT 先与钙、镁生成紫红色配合物:

$$\underset{(无色)}{Me(Ca^{2+}、Mg^{2+})} + \underset{(蓝色)}{EBT} \longrightarrow \underset{(紫红色)}{Me\text{-}EBT}$$

滴定开始后，滴入的 EDTA 首先与溶液中未配位的 Ca^{2+}、Mg^{2+} 生成配合物：

$$\underset{(无色)}{Ca^{2+}} + \underset{(无色)}{H_2Y^{2-}} \longrightarrow \underset{(无色)}{CaY^{2-}} + 2H^+$$

$$\underset{(无色)}{Mg^{2+}} + \underset{(无色)}{H_2Y^{2-}} \longrightarrow \underset{(无色)}{MgY^{2-}} + 2H^+$$

当反应接近化学计量点时，由于 CaY^{2-}、MgY^{2-} 的稳定性远远高于 Me-EBT，故此时溶液中将发生配合物的转化反应，继续滴入的 EDTA 将夺取 Me-EBT 中的 Ca^{2+}、Mg^{2+}，从而将 EBT 释放出来，使溶液由紫红色转变为蓝色，指示终点的到达：

$$\underset{(紫红色)}{Me\text{-}EBT} + \underset{(无色)}{H_2Y^{2-}} \longrightarrow \underset{(无色)}{MeY^{2-}} + \underset{(蓝色)}{EBT} + 2H^+$$

若水样中还共存有少量的 Fe^{3+}、Al^{3+}、Cu^{2+}、Pb^{2+}、Mn^{2+}、Zn^{2+} 等离子，将会对硬度测定产生干扰，需根据不同的水质加入不同量的掩蔽剂。滴定时，少量 Fe^{3+}、Al^{3+}、Mn^{2+} 等干扰离子可用三乙醇胺掩蔽，Cu^{2+} 则用 5% Na_2S 溶液，使其生成 CuS 沉淀而消除，Pb^{2+}、Zn^{2+} 可选用 1% 盐酸羟胺来掩蔽。

三、实验用品

25.00 mL 酸式滴定管、50.0 mL 移液管、250 mL 锥形瓶、5.0 mL 量筒、容量瓶等。

0.02 mol/L EDTA 标准溶液、$NH_3 \cdot H_2O\text{-}NH_4Cl$ 缓冲溶液（pH=10）、铬黑 T 指示剂（0.5 g 铬黑 T 溶于 25 mL 三乙醇胺中，待完全溶解后加入 75 mL 无水乙醇）、HCl（1：1）、三乙醇胺溶液（1：1）、5% Na_2S 溶液、水样（澄清的自来水，打开水龙头放水数分钟后，再洗净容器盛接水样备用）等。

四、实验内容

1. 水样处理

准确吸取水样 100 mL 于 250 mL 锥形瓶中，加入 1～2 滴 HCl（1：1）使之酸化，并煮沸数分钟，以除去 CO_2，冷却后依次加入 5 mL $NH_3 \cdot H_2O\text{-}NH_4Cl$ 缓冲溶液（pH=10）、3 mL 三乙醇胺（1：1）、1 mL Na_2S 溶液、铬黑 T 指示剂 2～3 滴，摇匀。本实验水样为自来水，杂质离子含量可忽略不计，可以不加掩蔽剂。

2. EDTA 滴定

立即用已标定过的 0.02 mol/L EDTA 标准溶液（用洗涤润洗过的酸式滴定管盛

装）滴定，临近终点时滴定应稍慢，并充分振荡，滴定至溶液由紫红色变为纯蓝色即为终点，平行测定 3 次。按下式计算水的总硬度：

$$水的总硬度 = \frac{C_{EDTA} \cdot V_{EDTA} \cdot M_{CaO} \times 1000\ mg/g}{10\ V_{水样}}$$

式中：C_{EDTA} 为 EDTA 标准溶液的浓度，单位为 mol/L；V_{EDTA} 为滴定所消耗 EDTA 溶液的体积平均值，单位为 mL；$V_{水样}$ 为水样的体积，单位为 mL；M_{CaO} 为 CaO 的摩尔质量，单位为 g/mol。

五、实验结果

项目	1	2	3
$V_{水样}$ /mL			
$V_{EDTA_{始}}$ /mL			
$V_{EDTA_{末}}$ /mL			
$\triangle V_{EDTA}$/mL			
水的总硬度/(°dH)			
水的平均总硬度/(°dH)			

相对平均偏差计算：

六、注意事项

(1) 若水样的硬度较大，取样量可适当减小。水样不澄清，应使用干燥的滤器过滤。

(2) 当水样中 HCO_3^-、H_2CO_3 含量较高时，加缓冲溶液后可能会析出 $CaCO_3$、$MgCO_3$ 颗粒，使终点不稳定，可于滴定前在水样中加入 1～2 滴 HCl(1∶1)溶液，使之酸化，并加热煮沸数分钟以除去 CO_2，冷却后再加入缓冲溶液（注意 HCl 不宜多加，以免影响滴定时的 pH 值）。

(3) 由于铬黑 T 与 Mg^{2+} 的显色灵敏度高于 Ca^{2+} 的显色灵敏度，当水样中 Mg^{2+} 的含量较低时（一般相对于 Ca^{2+} 来说须有 5% 的 Mg^{2+} 存在），用铬黑 T 指示剂往往得不到敏锐的终点。故在缓冲溶液中加入一定量 Mg-EDTA 盐，或者在 EDTA 标准溶液中加入适量的 Mg^{2+}（标定前加入），利用置换滴定法的原理来提高终点变色的敏锐性，而加入的 Mg^{2+} 对滴定结果无影响。

七、思考题

(1)已知1法国度相当于1 L水中含有10 mg $CaCO_3$,试计算1德国度相当于多少法国度。

(2)若水样中含有Fe^{3+}、Al^{3+}、Mn^{2+}、Zn^{2+}、Cu^{2+}等离子干扰测定时,应如何处理?

(3)本实验中移取水样的移液管和盛放水样的锥形瓶是否都要用去离子水润洗?为什么?

实验十六　分光光度计的使用和铁含量测定

一、实验目的

(1)学习分光光度计的工作原理及使用方法。

(2)掌握分光光度法测定微量元素含量的基本原理、标准曲线的绘制及应用。

二、实验原理

分光光度法可以测定多种未知物的含量,是最常见的仪器分析法之一,其原理基于有色溶液对光的选择性吸收,如果保持入射光强度不变,则光的吸收程度(吸光度)与溶液的浓度和液层的厚度有一定关系,即朗伯-比尔定律:

$$A=\varepsilon \cdot L \cdot C$$

式中:A 为吸光度;ε 为摩尔吸光系数;L 为光路长;C 为溶液浓度。当溶液颜色确定时,ε 即为确定值;若使用相同规格的比色皿,则 L 为比色皿宽度,也为定值;吸光度 A 的大小与溶液浓度 C 成正比。

分光光度法在测量微量物质的含量时,是通过在最大吸收波长下,分别测量一系列标准溶液的吸光度(A),以 A 为纵坐标,溶液浓度 C 为横坐标绘制标准曲线。然后在同一条件下,测量待测样的吸光度,从标准曲线上求得其对应的浓度或含量。

微量铁的测定方法较多,其中邻二氮菲(又称作邻菲罗啉)作为显色剂测定微量铁时,具有准确度高、重现性好等优点,其应用广泛。邻二氮菲的结构式在 pH 值为 2～9 的条件下,能与亚铁离子(Fe^{2+})生成稳定的橙红色的配合物$[Fe(C_{12}H_8N_2)_3]^{2+}$,该溶液的摩尔吸光系数 $\varepsilon=1.1\times10^4$ L/(mol · cm),最大吸收波长为 510 nm。

当铁以 Fe^{3+} 存在时,可预先用还原剂盐酸羟胺(或对苯二酚等)将其还原成 Fe^{2+},其反应方程式如下:

$$2Fe^{3+}+2NH_2OH\cdot HCl = 2Fe^{2+}+N_2+2H_2O+4H^{+}+2Cl^{-}$$

测定时,控制溶液酸度调节 pH 值在 5～6 较为适宜,酸度高时,反应进行较慢;酸度低时,则 Fe^{2+} 离子水解,影响显色。最佳显色时间为 5～20 min,最佳显色剂(0.15% 邻菲罗啉)用量为 1.5～3.0 mL。

三、实验用品

722 型分光光度计、1 cm 比色皿、50.0 mL 容量瓶、吸量管、洗耳球等。

0.15%邻二氮菲溶液、0.10 mol/L 盐酸羟胺溶液(此溶液只能稳定数日)、1 mol/L NaAc 溶液、2 mol/L HCl、10 mg/L 铁标准溶液、未知浓度铁溶液等。

四、实验内容

1. 分光光度计

1)分光光度计的外观和功能区

以实验室最常见的 721/722/752N 型紫外/可见分光光度计为例,说明分光光度计的使用方法。图 3-9 所示的是 721/722/752N 型紫外/可见分光光度计与操作面板示意图。图 3-9(a)中分光光度计为上海佑科仪器仪表有限公司产品,其他公司产品在外观上略有不同。不同型号的分光光度计的差异主要体现在测量用波长范围和透射比准确度。

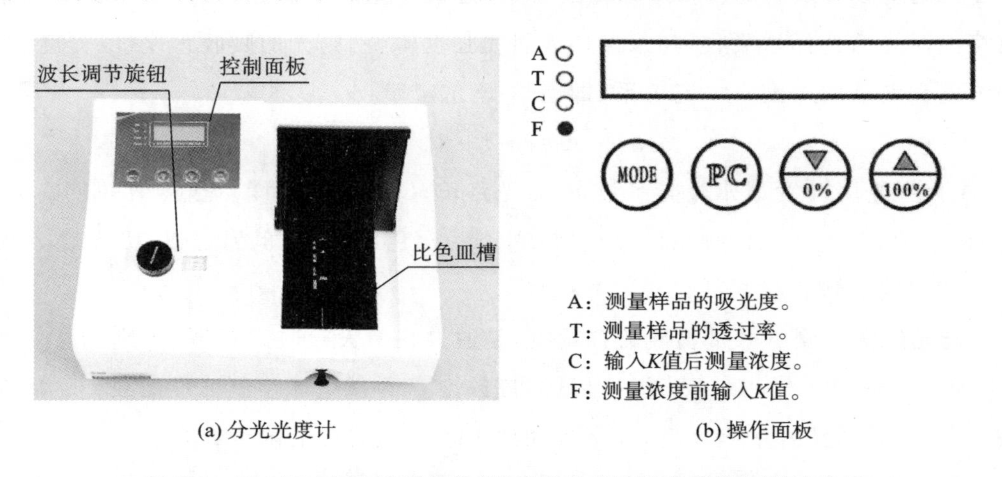

(a) 分光光度计　　(b) 操作面板

图 3-9　721/722/752N 型紫外/可见分光光度计与操作面板示意图

2)分光光度计的使用方法

分光光度计的操作面板如图 3-9(b)所示,操作面板上的按键的功能描述如表 3-6 所示。

表 3-6　按键功能描述

按键名称	按键功能描述
【MODE】	A/T/C/F 模式切换键
【PC】	打印/联机发送数据键
【↓/0%】	F 模式输入数据变小/调 0%T 键
【↑/100%】	F 模式输入数据变大/调透过率 100%T 或吸光度 0.000ABS 键

(1)基本操作。

①设置波长。

正视刻度盘的显示窗,旋转波长旋钮到需要的最大吸收波长处。

②调空白。

按【MODE】键使T对应的灯亮，进入T模式。在T模式下，拉动推拉杆把黑体拉入光路，按【↓/0%】键，等待显示000.0；拉动推拉杆，把装有参比液的比色皿拉到光路中，按【↑/100%】键调满度(100%T)。

注意：紫外区(190～360 nm)必须使用石英比色皿。选配的5 cm比色皿架中间的挡板按箭头指示放置。

(2)吸光度测量方法。

①选择测量波长：旋转波长旋钮到需要的最大吸收波长处。

②仪器调空白：按【MODE】键使T对应的灯亮，进入T模式。在T模式下，拉动推拉杆把黑体拉入光路，按【↓/0%】键，等待显示000.0；拉动推拉杆，把装有参比液的比色皿拉到光路中，按【↑/100%】键调满度(100%T)。

③吸光度测量：按【MODE】键使A对应的灯亮，进入A模式。在A模式下，拉动推拉杆，把装有样品溶液的比色皿拉入光路中，显示屏显示的值即为该溶液的吸光度。

(3)透过率测量方法。

①选择测量波长：旋转波长旋钮到需要的最大吸收波长处。

②仪器调空白：按【MODE】键使T对应的灯亮，进入T模式。在T模式下，拉动推拉杆把黑体拉入光路，按【↓/0%】键，等待显示000.0；拉动推拉杆，把装有参比液的比色皿拉到光路中，按【↑/100%】键调满度(100%T)。

③吸光度测量：继续在T模式下，拉动推拉杆，把装有样品溶液的比色皿拉到光路中，显示屏显示的值即为该溶液的吸光度。

(4)浓度测量方法。

测量的前提是通过标准曲线的回归方程已知过零点标准曲线的K值($y=KX$)。

①选择测量波长：旋转波长旋钮到需要的最大吸收波长处。

②仪器调空白：按【MODE】键使T对应的灯亮，进入T模式。在T模式下，拉动推拉杆把黑体拉入光路，按【↓/0%】键，等待显示000.0；拉动推拉杆，把装有参比液的比色皿拉到光路中，按【↑/100%】键调满度(100%T)。

③输入K值：按【MODE】键使F对应的灯亮，进入F模式，按【↓/0%】/【↑/100%】键输入已知的K值。

④浓度测量：按【MODE】键使浓度C对应指示灯亮，在C模式下，拉动推拉杆，把装有样品溶液的比色皿拉到光路中，显示读数即为该溶液的浓度值。

2. 分光光度法测定铁的最佳条件

1)最大吸收波长

用吸量管准确移取10 mg/L铁标准溶液6.00 mL于50.0 mL容量瓶中，加入1.00

mL 10% $NH_2OH \cdot HCl$溶液，摇匀。放置 2 min 后，加 5.00 mL 1 mol/L NaAc 溶液、2.00 mL 0.15%邻二氮菲水溶液，以蒸馏水稀释至刻度线，摇匀。以空白试剂为参比液，在不同波长下(从 460～550 nm，每隔 10 nm)测定相应的吸光度。确定最大吸收波长 λ_{max}。

2)最佳显色剂用量

取 5 只 50.0 mL 容量瓶，标记为 1～5 号，分别加入 5.00 mL 10 mg/L 铁标准溶液及 1.00 mL 10% $NH_2OH \cdot HCl$ 溶液，摇匀。放置 2 min 后，再分别加入 0.5 mL、1.0 mL、2.0 mL、3.0 mL、4.0 mL 0.15%邻二氮菲溶液和 5.00 mL 1 mol/L NaAc 溶液，以蒸馏水稀释至刻度线，摇匀在选定波长 λ_{max}(从吸收曲线上确定)处，以空白试剂为参比液，测定上述 5 种样品溶液的吸光度，比较加入的邻二氮菲的体积不同时，吸光度的影响，从而确定最佳邻二氮菲的用量。

3)最佳显色时间

准确移取 10 mg/L 铁标准溶液 5.00 mL 于 50.0 mL 容量瓶中，加入 1.00 mL 10% $NH_2OH \cdot HCl$溶液，摇匀。放置 2 min 后，加入 5.00 mL 1 mol/L NaAc 溶液，再加入前述确定的最佳用量的 0.15%邻二氮菲溶液，以蒸馏水稀释至刻度线，摇匀。在 λ_{max} 处，以空白试剂为参数对比，每隔一段时间，即 0 min、5 min、10 min、20 min、30 min、60 min、90 min、120 min 分别测定吸光度，比较显色时间对吸光度的影响，从而确定最佳显色时间。

4)最佳显色 pH 值

取 6 只 50.0 mL 容量瓶，标记为 1～6 号，分别加入 5.00 mL 10 mg/L 铁标准溶液及 1.00 mL 10% $NH_2OH \cdot HCl$溶液，摇匀。用刻度吸管分别加入 0.2 mL、0.5 mL、1.0 mL、2.0 mL、2.5 mL、3.0 mL 1 mol/L NaOH 溶液。再加入前述确定的最佳用量的 0.15%邻二氮菲溶液，以蒸馏水稀释至刻度线，摇匀，放置上述确定的最佳显色时间后，在 λ_{max}处，以空白试剂为参数对比，测定各样品溶液的吸光度，然后用 pH 计测量样品溶液的 pH 值，比较 pH 值对吸光度的影响，从而确定最佳显色 pH 值的区间。

3. 分光光度法测定铁含量

1)标准曲线的绘制

在 6 只标记为 1～6 号的 50.0 mL 容量瓶中，用吸量管分别加入 0.00 mL、2.00 mL、4.00 mL、6.00 mL、8.00 mL、10.00 mL 铁标准溶液(Fe^{3+}浓度为 10 mg/L)，然后再各加入 1 mL 10%的 $NH_2OH \cdot HCl$溶液，摇匀，再加入 5 mL 1 mol/L NaAc 溶液、2 mL 邻二氮菲水溶液，最后用去离子水稀释至刻度，摇匀。放置 2 min 后，在 510 nm 波长下，用 1 cm 比色皿，以空白试剂作参数对比，测其吸光度值，并以铁含量为横坐标，相对应的吸光度为纵坐标，在坐标纸上或用 Excel 绘图绘制 *A*-Fe 含量标准曲线。

2)总铁的测定

吸取25.00 mL未知溶液代替标准溶液,按上述已知标准曲线相同条件步骤,测定其吸光度。从标准曲线上求得未知液Fe的含量(单位为mg/L)。

3)Fe^{2+}的测定

操作步骤与总铁的测定操作步骤相同,但不加盐酸羟胺溶液。测出吸光度并从标准曲线上求得Fe^{2+}的含量(单位为mg/L)。

4)Fe^{3+}的测定

通过上述步骤测出总铁量和Fe^{2+}量,两者之差即为Fe^{3+}含量。

五、实验结果

试剂	系列铁标准溶液						未知样
样品编号	1	2	3	4	5	6	7
铁标准溶液/mL	0.00	2.00	4.00	6.00	8.00	10.00	25.00
$NH_2OH \cdot HCl$/mL	1.00	1.00	1.00	1.00	1.00	1.00	1.00
NaAc/mL	5.00	5.00	5.00	5.00	5.00	5.00	5.00
邻二氮菲/mL	2.00	2.00	2.00	2.00	2.00	2.00	2.00
溶液总体积/mL	50.0	50.0	50.0	50.0	50.0	50.0	50.0
吸光度/(L/(g·cm))							
铁浓度/(mg/L)							

未知浓度的铁液浓度:

六、注意事项

(1)10 mg/L铁标准溶液的配制:准确称取0.8643 g $NH_4Fe(SO_4)_2 \cdot 12H_2O$置于烧杯中,加入30 mL 2 mol/L HCl溶液,使其溶解后,转移至1000 mL容量瓶中,用去离子水稀释至刻度标线,摇匀。此溶液Fe^{3+}浓度为100 mg/L。吸取此溶液25.00 mL于250 mL容量瓶中,用去离子水稀释至刻度标线并且摇匀。此溶液Fe^{3+}浓度为10 mg/L。

(2)空白试剂是指与待测液相比,仅仅不添加含所需测量离子溶液,其他试剂加入量和待测液一样的配方配制的溶液。以空白试剂为参数对比液能最大可能地减小试剂误差。

(3)用Excel绘制吸收曲线的方法:打开Excel输入系列X、Y数据(本实验中X为波长,Y 为吸光度)→选定数据→插入→散点图→选第一个图→显示吸收曲线。

(4)用 Excel 绘制标准曲线,求未知样浓度的方法:打开 Excel 输入系列 X、Y 数据(本实验中 1~6 号铁标准溶液的浓度 C 为横坐标 X,相应的吸光度为纵坐标 Y)→选定数据→插入→散点图→选第一个图→显示标准曲线→右击标准曲线中“点”处→选定添加趋势线→选定“显示公式”和“显示 R 的平方值”→出现回归方程和 R 的平方值。

(5)回归方程中的 X 对应浓度 C 值,Y 对应吸光度的值,把未知样的吸光度代入回归方程 Y 就能得到未知样中铁的浓度 C。注意此处的浓度 C 是未知浓度铁液稀释过的浓度,要计算未知铁液浓度还需要依据稀释倍数进行计算。

七、思考题

(1)为什么在测定最佳 pH 值时加入 0.1 mol/L NaOH 溶液调节溶液的 pH 值,而不是用其他步骤中的 NaAc 溶液?

(2)为什么在测定中加入 NaAc 溶液?实验中哪些溶液的加入需要用量精准?

(3)本实验中加入盐酸羟胺的作用是什么?若测定一般的铁盐的总铁量,是不是也需要加入盐酸羟胺?

(4)在绘制标准曲线的步骤中,为什么配制好的系列铁溶液要放置几分钟再测量吸光度?

(5)简述分光光度计的使用方法。

实验十七　碘酸铜溶度积的测定

一、实验目的

(1)了解用分光光度法测定难溶电解质溶度积的原理和方法。

(2)练习沉淀的洗涤方法。

(3)进一步熟悉抽滤操作方法和注意事项。

二、实验原理

常用的难溶电解质溶度积的测定方法有电动势法、电导法、分光法等,其实质均为测定一定条件下,溶液中的相关离子浓度,从而得到 K_{sp}。本实验选用分光光度法测定难溶强电解质碘酸铜的溶度积。

$Cu(IO_3)_2$在水中达到溶解度平衡时,有

$$Cu(IO_3)_2(s) \longrightarrow Cu^{2+}(aq) + 2IO_3^-(aq)$$

$$2C(Cu^{2+}) = C(IO_3^-)$$

上式的平衡常数为 $Cu(IO_3)_2$的溶度积常数,则有

$$K_{sp}[\,Cu(IO_3)_2\,] = \frac{C(Cu^{2+})}{C^{\ominus}} \times \left(\frac{C(IO_3^-)}{C^{\ominus}}\right)^2 = 4(C(Cu^{2+})/C^{\ominus})^3$$

达到平衡时,溶液饱和,所以知道了 Cu^{2+}的浓度,便可计算出碘酸铜的溶度积 K_{sp}。

本实验采用一系列已知浓度的 Cu^{2+}溶液,加入氨水形成深蓝色 $Cu(NH_3)_4^{2+}$配离子,用分光光度计在 660 nm 处测出一系列相应吸光度(有效溶液浓度范围为 1×10^{-2}～1 mol/L),并以吸光度为纵坐标,Cu^{2+}浓度为横坐标作图,描绘出 A-$C(Cu^{2+})$的标准曲线图。再在同样条件下,测定待测溶液(加入等量氨水)的吸光度,在标准曲线上查出此吸光度对应的 Cu^{2+}浓度。最后由此饱和溶液中的 Cu^{2+}浓度算出 $Cu(IO_3)_2$的溶度积常数。

三、实验用品

250 mL 烧杯、循环水真空泵、抽滤瓶、表面皿、电子天平、电炉、100.0 mL 容量瓶、漏斗、2.00 mL 移液管等。

KIO_3固体、$CuSO_4\cdot5H_2O$固体、6 mol/L $NH_3\cdot H_2O$溶液、去离子水等。

四、实验内容

1. $Cu(IO_3)_2$的制备

用电子天平称取 KIO_3晶体 2.7 g,放于 100 mL 烧杯中,加水 50 mL;称取 $CuSO_4\cdot$

$5H_2O$ 晶体 1.5 g 置于 50 mL 烧杯中，加水 20 mL，待晶体完全溶解后，把 $CuSO_4$ 溶液倒入 KIO_3 溶液中。搅拌后加热至沸腾，然后静置烧杯，待完全沉降后，倒去上层清液，洗涤并抽滤沉淀 2～3 次，得到洁净的 $Cu(IO_3)_2$ 固体。

2. $Cu(IO_3)_2$ 饱和溶液的配制

将 $Cu(IO_3)_2$ 固体转入大烧杯中，加入去离子水 200 mL，加热至沸腾 2 min，静置，上层清液即为 $Cu(IO_3)_2$ 饱和溶液。

3. 标准曲线的制作

用移液管分别移取 0.40 mL、0.80 mL、1.20 mL、1.60 mL、2.00 mL $CuSO_4$ 标准溶液（0.1000 mol/L）置于 5 只 50 mL 容量瓶中，再用移液管向每只容量瓶中加入 4.00 mL 6 mol/L 氨水，用去离子水稀释至刻度线，摇匀。

分别用 3 cm 比色管，以相应稀氨水为参数对比，在 660 nm 处测出上面配制溶液的吸光度，填入表中，以 Cu^{2+} 离子浓度对吸光度做出标准曲线。

4. 测吸光度

用饱和 $Cu(IO_3)_2$ 溶液淌洗 50 mL 容量瓶 3 次，用移液管吸取 6 mol/L 氨水 4 mL，再加入饱和 $Cu(IO_3)_2$ 溶液到刻度线，摇匀。倒出 2 份样品在同样条件下分别测吸光度，填入表中，并在标准曲线上查找出对应 Cu^{2+} 离子浓度。最后以 1.4×10^{-7} 为标准值计算相对误差，并进行误差分析。

五、实验结果

试剂	系列铜标准溶液						待测样	
样品编号	1	2	3	4	5	6	1#	2#
$Cu(IO_3)_2$ 标准溶液/mL	0.00	0.40	0.80	1.20	1.60	2.00	20.00	20.00
氨水/mL	4.00	4.00	4.00	4.00	4.00	4.00	4.00	4.00
溶液总体积/mL	50.0	50.0	50.0	50.0	50.0	50.0	50.0	50.0
吸光度（L/(g·cm)）								
Cu^{2+} 离子浓度/(mol/L)								

填写上述表格，计算 $Cu(IO_3)_2$ 的溶度积常数。

六、注意事项

（1）注意在洗涤沉淀的时候，需要将抽滤瓶上接的橡皮管拔掉，再用去离子水冲洗，并用玻璃棒翻动沉淀，洗完再抽干。

(2)控制浓度，观察颜色。

七、思考题

(1)如何确定 $Cu(IO_3)_2$ 的制备反应中固体已经清洗干净了？

(2)在吸取 $Cu(IO_3)_2$ 饱和溶液时，不小心吸到了少量下方未溶解固体，对实验结果有何影响？

第4章　有机化学实验部分

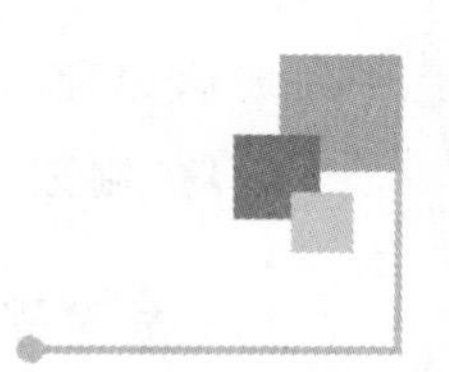

实验十八　熔点的测定

一、实验目的

(1)了解测定熔点的意义。

(2)初步掌握测定熔点的方法。

(3)学会用熔点定性判断物质的纯度。

二、实验原理

熔点的测定是一种鉴定固体有机物纯度的简便方法，在药物、药物中间体、染料、香料等有机物的纯度鉴定上应用广泛。

常压下，固液两相的蒸气压相等，固液共存时的温度就是该固体物质的熔点。该表现为晶体加热到一定温度时，固相逐渐转变为液相，此时的温度可视为该物质的熔点。实验中，从刚开始熔化到完全熔化需要吸收大量的热量，也需要熔化时间。纯的固体物质具有固定的熔点，实际测量中不可能做到外界提供的热量刚好等于熔化需要吸收的热量，因此对于一个纯物质来说，由从始熔(开始熔化)到全熔(完全熔化)存在一个温度差，精确测量下一般不超过1 ℃，这个温差称为熔程，也称为熔距。温度差间隔即为该纯物质的熔点范围。

不同的纯化合物固体可能熔点相近甚至相同，但是二者混合后测量出的熔点范围通常显著增大，且始熔温度下降(通常认为是熔点)。其原因是将两种物质共混后，可互成为对方的杂质，使得熔点下降，熔程变大。如果是同种物质共混测量，则不会出现这样的现象。因此测定熔点对于有机物固体纯度的判断很有意义。同时，通过测定熔点还可以进行物质的初步鉴定和温度计的校正。

三、实验用品

b形管(Thiele管)、精密温度计(150 ℃)、缺口橡皮塞、毛细管(直径为1～1.2 mm)、长玻璃管(70～80 cm)、玻璃棒、表面皿、小胶圈、酒精灯、铁架台、显微熔点测定仪等。

尿素、甘油、苯甲酸等。

四、实验内容

b形管法测熔点和熔点仪测熔点(熔点仪测熔点的方法详见附录1)是实验室常用的两种熔点测定方法,其中毛细管法经典、简便、对仪器要求不高,而熔点仪测熔点则更方便快捷,还可观察晶体在加热过程中的变化情况,如结晶的失水,多晶型物质的晶型转化、升华及分解等,但是要求配备熔点仪。

1. 制样和装样

1)毛细管装样

将洁净的毛细管向上倾斜45°,伸入酒精灯火焰靠下方的外焰中约1 mm,边烧边捻动拇指和食指捏住的毛细管,使毛细管的顶端受热均匀。当观察到火焰发出黄光则表明开始融化,玻璃中的钠离子参与焰色反应,发出黄光约2 s。移出火焰观察,若顶端熔化为一光亮半球,说明已经融封。要求封口后的制备的熔点管管底厚度适中并且管不弯曲。

取少量经彻底干燥待测样品10～20 mg置于洁净干燥的表面皿中,用玻璃棒或小刮铲研细成粉末并聚成小堆。将熔点管开口端朝下插入细粉末堆中,来回几次,样品被挤入毛细管中,使填装的样品高为3～4 mm。然后让开口一端朝上,擦去开口端外壁黏附的样品粉末后,将熔点管从长约40 cm垂直放置于试验台面的玻璃管上端自由落下。

玻璃管的作用是为了控制装有样品的熔点管弹跳范围。熔点管自由落下时,封口端触底时反弹向上,与开口端样品发生相向运动,促使样品粉末落入管底。重复几次熔点管自由落体操作,使样品在管底填装紧密。最后,擦拭掉毛细管外壁的样品粉末,以防污染载热液体,影响实验现象的观察。

2)载玻片装样

使用熔点仪测熔点时,部分熔点仪可以使用载玻片装样,将少量样品放置在载玻片和盖玻片之间。样品可以是经彻底干燥并研磨成细粉状样品,也可以是晶体状样品,采用何种形态取决于样品本身的性质和观察需要。例如,在咖啡因熔点的测定中,由于接近熔点温度样品升华迅速,通常直接使用其针尖状晶体样品。

2. b形管法测定熔点

b形管法使用熔点管装样,可以只装少量样品,缩短整体熔化时间,减少实验误差。为了保证测量温度和毛细管中样品受热温度尽可能一致,常采用热浴的方法加热样品,且样品紧挨着温度计水银泡。毛细管法测熔点装置如图4-1所示,图4-1(a)为常规b

形管法装置图，图 4-1(b)为无 b 形管的替代图。

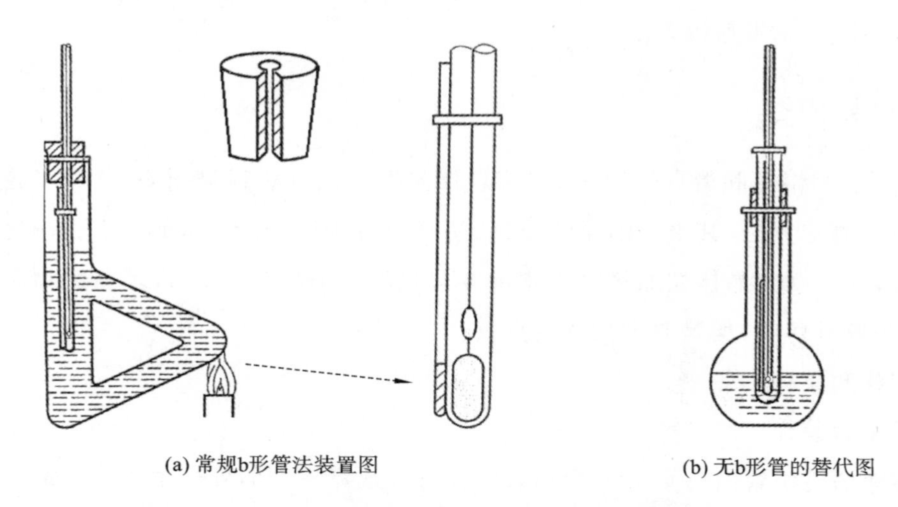

(a) 常规b形管法装置图　　(b) 无b形管的替代图

图 4-1　毛细管法测熔点装置和无 b 形管的替代图

b 形管法测定熔点的步骤如下。

(1)搭建实验装置。

将载热液体甘油装入 b 形管中，加入高度以刚好与上支管口上方平齐为准，保证受热后可以连通主管和支管，形成环流。

如图 4-1(a)所示搭建实验装置。将 b 形管夹在铁架台上，管口配一个缺口橡皮塞。将填充好样品的毛细管与温度计用橡皮圈固定，使样品与水银球中部等高。温度计放入 b 形管中由缺口橡皮塞固定，调整高度使水银球与 b 形管的上下支管交接处等高。注意使橡皮圈位于距甘油液面 1 cm 以上的位置，温度计刻度面向观察者，以方便读数。

(2)测定熔点。

调整装置高度，用酒精灯来回移动预热 b 形管下支管部分的载热液体约半分钟，再调节装置高度，使酒精灯外焰能包裹上下支管交接处靠下支管部分，集中加热载热液。

初始加热时，可按每分钟 4～5 ℃的速度升高温度。当温度升高至与待测样品的熔点相差 20 ℃时，将酒精灯外移少许，减慢加热速度，离熔点 10 ℃时，加热速度要控制到每分钟上升 1～2 ℃。越接近熔点加热升温速度应越慢(掌握升温速度是准确测定熔点的关键)。

(3)熔点温度测定。

加热过程中，要密切观察样品的变化。当样品在毛细管壁开始塌落，有润湿现象或观察到样品与熔点管管壁间出现明亮的小液滴时，表明样品开始熔化，此时的温度即为始熔温度，即通常所认为的熔点；当固体全部消失，样品呈透明液体时的温度即为全熔温度，记下始熔温度和全熔温度。

（4）后处理。

移开并熄灭酒精灯，取出温度计，使载热液尽可能流回 b 形管，再用折叠好的纸巾包住小橡皮管和熔点管，顺着温度计往下拿下并弃去毛细管（不要乱扔，防止甘油污染台面）。

待载热液温度下降至熔点范围 30 ℃以下，再换上新的装好样品的熔点管进行平行测定。

测定已知物熔点时，至少要有两次重复的数据，且两次测定数据的误差不能大于 0.1 ℃。

测定未知物的熔点时，应先对样品粗测一次，加热速度可以稍快，以每分钟 5～6 ℃的速度上升，得到大概熔程后，待载热液温度下降至熔点范围 30 ℃以下时，再取另外两根装好样品的新毛细管进行两次精密测定。两次精密测定数据的误差同样不能大于 1 ℃。

五、实验结果

项目	始熔温度	全熔温度	熔程	熔点平均值
1#				
2#				
3#				

六、注意事项

（1）将熔点相同或相近的两种化合物混合后，测定混合物的熔点，如果实测值与混合物中某一个相同，则说明两化合物相同（形成固熔体除外）。一般采用三种不同比例 1∶9、1∶1、9∶1，将两试样分别混合，与原来未混合的两试样分别装入 5 支熔点管中同时测定熔点，以观察测得的结果是否相同。两种熔点相同的不同化合物混合后，熔点不降低反而升高的情况很少出现。

（2）载热液体常用的有液体石蜡、甘油、浓硫酸、质量比为 7∶3 的浓硫酸和硫酸钾混合物、硅油等。

（3）搭装置的原则与顺序为：由下往上，从左往右，由简到繁，横平竖直。

（4）加热速度越慢，载热液升温速率越慢，温度计读数升高也越慢。严格控制加热速度是为了保证有充分的时间让热量从管外传至管内，固体熔化也需要时间。同时，观察者观测到样品开始融化和完全融化的现象后，再读取当时温度计所示读数，升温越慢，温度计读数温度变化产生的误差越小。

(5)不能将测定使用过的毛细管冷却后再用，因为有时某些物质会产生部分分解，有些会转变成具有不同熔点的其他结晶形式。

七、思考题

(1)测定熔点时，若有以下情况会对测定结果产生什么影响？

①熔点管底部未完全封闭；

②样品未完全干燥或含有杂质；

③样品研得不细或装得不紧密；

④加热速度太快。

(2)已用过的毛细管再作第二次测定使用可以吗？

(3)接近熔点温度时，加热速度快对测定结果有什么影响？

(4)测过的样品能否重测？熔程小是否就一定是纯物质？

实验十九　蒸馏和沸点的测定

一、实验目的

(1)了解蒸馏和测定沸点的意义。

(2)掌握蒸馏的原理、操作要领和应用。

(3)熟练装置的搭建和熟悉常见玻璃仪器的使用条件。

二、实验原理

液体在一定温度下具有一定的蒸气压，其蒸气压随温度上升而增大，当受热时蒸气压增大到与大气压或液面外界压力相等时液体沸腾(液体内部和表面液体同时汽化)，这时的温度称为液体的沸点。大气压力下的沸点，通常以 101.325 kPa(1 atm)作为外压的标准。例如，水的蒸气压等于 101.325 kPa 时的温度(100 ℃)，即为水的沸点。

将液体加热至沸腾，使液体大量转变为蒸气，然后再通过冷凝使蒸气冷却凝结为液体，以上的联合操作称为蒸馏。

蒸馏是提纯液体物质和分离混合物的一种常用方法。蒸馏分离、提纯液体有机物的基本原理是利用不同纯液体有不同的沸点，在受热的情况下，沸点低的液体先沸腾，沸点低的成分在气相中占的比例较大且同温下蒸气压更大，其蒸气优先到达蒸馏头，进而进入冷凝管被先冷凝为液体。因此，只有当两组分的沸点相差比较大(一般差 20～30 ℃)时，才可得到较好的分离效果。另外，如果两种物质能够形成恒沸混合物则不能采用蒸馏法来分离。

纯粹的液体有机化合物在一定的压力下具有一定的沸点(其沸程为 0.5～1.5 ℃)。利用这一点，可以测定纯液体有机物的沸点。蒸馏的方法测沸点又称为常量法测沸点。沸点的测定对鉴定纯粹的液化有机物有一定的意义。需要注意的是，因为某些有机化合物通常可以和其他组分形成二元或三元共沸混合物(参考附录 E)，这些共沸混合物也具有固定的沸点。因此，具有固定沸点的物质不一定都是纯物质。

蒸馏操作是基础化学实验中常用的方法，适用于加热到沸点而不分解的化合物，主要有以下几方面的用途：①分离液体混合物，但只有当混合物中各成分的沸点之间有较大的差异时，才能有效地进行分离；②测定化合物的沸点(常量法测沸点)；③提纯液体及低熔点固体，以除去不挥发的杂质；④回收溶剂，或浓缩溶液。

在蒸馏过程中，为了保证沸腾的平稳状态，防止在蒸馏过程中出现爆沸现象，在加热蒸馏前常向料液中加入沸石。

三、实验用品

铁架台、铁夹(烧瓶夹)、冷凝管夹、电热套、100 mL 单口圆底烧瓶、蒸馏头、温度计、温度计套管、冷凝管、尾接管、锥形瓶、量筒、橡皮管等。

50%的乙醇溶液、沸石等。

四、实验内容

1. 认识蒸馏实验仪器和仪器的搭建

蒸馏装置示意图,如图 4-2 所示。

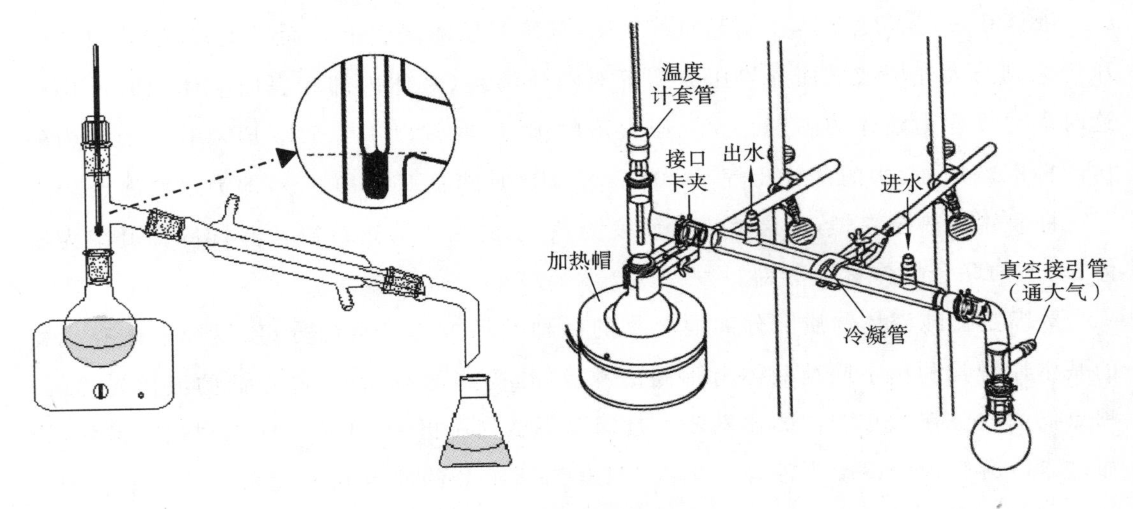

图 4-2　蒸馏装置示意图

(1)加热气化部分。主要包括铁架台、热源(如电热套等)、蒸馏烧瓶(分带支管和不带支管两种)、蒸馏头、温度计等仪器。

(2)冷凝部分。主要仪器是冷凝管,其作用是使蒸气在冷凝管中冷凝成为液体。常用的冷凝管有 4 种,即空气冷凝管、直形冷凝管、蛇形冷凝管、球形冷凝管。一般来说,液体的沸点高于 130 ℃的用空气冷凝管(无内管),沸点在 70～130 ℃的用直形冷凝管或球形冷凝管(球形冷凝管只用作回流冷凝),液体沸点低于 70 ℃的用蛇形冷凝管(蛇形冷凝管要垂直装置)。冷凝管下侧管为进水口,用橡皮管接自来水龙头;上侧管为出水口,用橡皮管套接将水导入水槽。上端的出水口朝上,才可保证套管内充满着水,才会有更好的冷凝效果。

(3)接液部分。主要仪器是尾接管和接液瓶。尾接管的类型有多种,主要作用是连接冷凝管和接液瓶。对于有毒气体需要使用磨口带支管的尾接管,支管接橡皮管和尾气处理装置，使用带磨口的接液瓶；减压蒸馏中使用的尾接管为真空尾接管。接液瓶可以是锥形瓶、量筒或者下一步操作中的容器，如烧瓶。注意接液部分一定要和大气相通（减压蒸馏除外），以免形成封闭的加热系统，造成体系压力过大引发爆炸。

（4）仪器的搭建。组装仪器的基本原则为：由下往上，从左往右，由简到繁。其基本要求为：配合紧密牢固，整体横平竖直。

先根据热源（如电热套）的位置和高度，利用铁架台、十字夹和铁夹固定蒸馏烧瓶，铁架台位于热源和烧瓶的后方，起固定装置的作用；依次放上蒸馏头和装有温度计的温度计套管，调整温度计的位置，使温度计水银球的上边沿与蒸馏头支管的下边沿等高，如图 4-2 所示。利用另一个铁架台、十字夹和冷凝管夹将直形冷凝管固定，调整冷凝管的上下高度和倾斜程度，使冷凝管的蒸馏头支管成一直线、蒸馏头支管和冷凝管磨口配合紧密，注意托起和固定冷凝管的冷凝管夹应在冷凝管的后半部（整体重心靠后），连接好进水管、出水管（冷凝水按下进上出连接）后，装上尾接管和接收瓶。

蒸馏头与冷凝管、冷凝管与尾接管之间的接口部分可加上塑料接口卡固定；铁架台均位于仪器背后，铁夹不要伸出太长，注意保持重心稳定。

2. 蒸馏操作

（1）加料。取下温度计套管，在蒸馏头上口放置一洁净的长颈漏斗（长颈漏斗下口的斜面处应低于蒸馏头支管），将 50 mL 50％的乙醇溶液慢慢地加入 100 mL 的蒸馏瓶里。

（2）加沸石。为防止液体暴沸，可以加入 2～3 粒沸石。如果加热中断，再加热时，须重新加入沸石。也可以在搭建装置前加料和加沸石。

（3）加热。加热前，应先检查仪器装配是否正确，接口连接处是否紧密，原料、沸石是否加好，一切检查无误后，接通冷凝水，开始加热。在刚开始加热时，加热速度可以调快些；在液体开始沸腾时，加热速度可以调慢些。适当调节加热速度，使温度计的水银球上始终保持有液滴存在，以馏出液每秒馏出 1～2 滴为宜。此时温度计读数就是馏出液的沸点（本实验中，乙醇和水按质量比 95∶5 的比例形成恒沸物的沸点）。

（4）收集馏分。认真观察温度和蒸馏头支管口的馏出液，记录第一滴馏出液馏出时的温度，并接收沸点较低的前馏分。当温度计读数稳定时，更换另一只洁净的接收瓶收集，并记录此时的温度范围，即馏分的沸点范围（沸程）。如果温度变化较大，可多换几个接收瓶收集，接收瓶应事先干燥和称重。所收集馏分的沸程越窄，则馏分的纯度越高，一般收集馏分的温度范围应在 1～2 ℃之间。

（5）后处理。所需馏分蒸完后，当蒸馏烧瓶中仅残留少量液体或温度计读数突然上升或下降时，可停止蒸馏，不能将残留液蒸干，否则易发生危险。停止加热后，将加热套的变压器调至零点，关掉电源，移走电热套，待无液体蒸出后，再关闭冷凝水。按与安装顺序相反的顺序拆卸装置。拆卸完毕后，将沸石倒入垃圾桶中（陶瓷管沸石需要回收），将仪器清洗干净，并按要求摆放整齐。

五、实验结果

$V_{加入液体}=$ ____________ mL；

$T_{接收器滴入第一滴液体}=$ ____________ ℃；

$T_{温度计恒定}=$ ____________ ℃；

$V_{馏分}=$ ____________ mL。

六、注意事项

（1）圆底烧瓶有长颈圆底烧瓶和短颈圆底烧瓶，当蒸馏液沸点低于 120 ℃时，用长颈圆底烧瓶；当蒸馏液沸点高于 120 ℃时，用短颈圆底烧瓶。一般情况下，蒸馏液的体积应占圆底烧瓶体积的 1/3～2/3，若溶液装入过多，沸腾时液体易冲出，可能被蒸气带出而混入馏出液中；若溶液装入太少，蒸馏结束时，残留液相对过多，回收率降低。

（2）沸石为多孔性物质，刚加入液体时其小孔内有许多气泡，可以将液体内部的气体导入液体表面，形成汽化中心，从而防止爆沸。若加热中断或忘记加入沸石，应先停止加热，待液体冷却后再加入沸石。

（3）蒸馏时，温度计的水银球上始终会有液滴存在，如果没有液滴，可能有两种情况：①温度过低，低于沸点，此时应将加热炉功率调高；②温度过高，此时出现过热现象，溶液温度已超过沸点，应将加热炉功率调低。

（4）纯液体所测的即为沸点。使用常量法测沸点时，所用温度计需要提前校正。

七、思考题

（1）蒸馏装置由哪三部分组成？

（2）如何选择蒸馏烧瓶和冷凝管？

（3）沸石在蒸馏中起什么作用？如果忘记加入沸石，应如何操作？

（4）在蒸馏装置中，温度计安装的位置是怎样的？

（5）用蒸馏法有效分离两种有机混合物的必要条件是什么？

实验二十　分　　馏

一、实验目的

(1)了解分馏的原理及意义。

(2)掌握分馏的操作方法。

二、实验原理

混合液体中各组分的沸点相差不大,难以用简单蒸馏法进行有效分离,但可用分馏法进行分离。所谓分馏法就是蒸馏液体混合物,使气体在分馏柱内反复进行汽化、冷凝、回流等过程,使沸点相近的混合物进行分离的方法。

在分馏的过程中,受热上升的蒸气和分馏柱中冷凝后,往下滴落的液滴之间存在着热量和物质的双重交换。混合物中各组分具有不同的沸点,则在相同温度下具有不同的蒸气压,加热沸腾产生的蒸气中,低沸点组分的含量较高。蒸气上升过程中被柱外空气冷凝,则得到低沸点组分含量较多的液体,这就是一次蒸馏。烧瓶中液体继续沸腾,新的蒸气上升至分馏柱中与已冷凝的液体相遇发生热质交换,冷凝液接受蒸气的热量后,低沸点组分又部分汽化加入蒸气中上升,高沸点组分仍呈液态下降。新的蒸气失去部分热量,其中高沸点组分部分冷凝,而低沸点组分仍呈蒸气继续上升,冷凝部分加入冷凝液。如此上升的蒸气与冷凝的冷凝液在分馏柱中经过多次的热质交换,发生多次的冷凝与汽化,形同多次简单蒸馏。不断上升的蒸气中,低沸点成分不断增加,最后从分馏柱头流出纯的(或接近纯的)低沸点组分,而高沸点组分则被流回到容器中,从而将沸点不同的组分有效分离,达到分离的目的。分馏装置示意图,如图 4-3 所示。

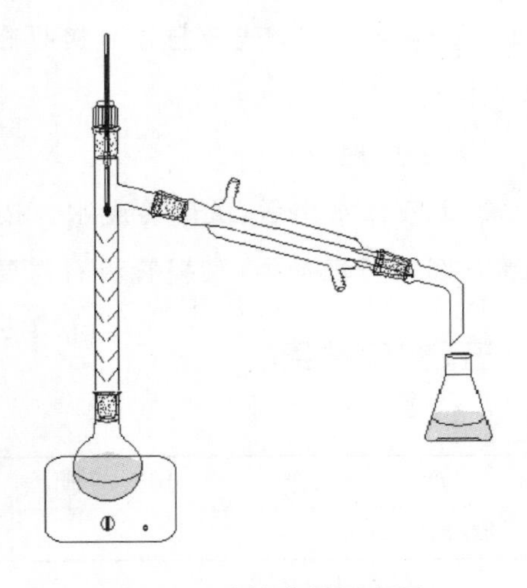

图 4-3　分馏装置示意图

三、实验用品

铁架台、铁夹(烧瓶夹)、冷凝管夹、电热套、100 mL 单口圆底烧瓶、韦氏分馏柱(含蒸馏头)、温度计、温度计套管、冷凝管、尾接管、锥形瓶、量筒、橡皮管等。

50%的乙醇溶液、沸石等。

四、实验内容

1. 搭建实验装置

按照实验装置搭建的原则和基本要求，搭建分馏装置，提前在蒸馏烧瓶中加入 50 mL 50%的乙醇溶液和几颗沸石。

2. 分馏操作

(1)加热。

检查仪器装配是否正确，接口连接处是否紧密，原料、沸石是否加好，一切检查无误后接通冷凝水，开始加热。在刚开始加热时，加热速度可以快些，发现烧瓶壁上有液体冷凝回流时，开始减缓加热速度，使液体保持微沸，且蒸气在分馏柱中缓慢上升，以实现充分的热质交换。蒸气充分浸润分馏柱，在柱内回流 3 至 5 分钟后，调高加热温度，使蒸气上升至分馏柱顶端，开始在温度计上冷凝并进入冷凝管，温度计显示蒸气的温度。仔细调节加热电压，控制馏出液的滴液速度为每秒 2～3 滴。

(2)收集馏分。

用 1～4 号接收瓶分别收集 76 ℃以下、76～83 ℃、83～94 ℃和大于 94 ℃的馏分，当柱顶温度达 94 ℃时停止加热，使分馏柱内的液体流入蒸馏烧瓶中。待烧瓶冷却至室温时，将烧瓶中剩余残液与 4 号接收瓶合为一瓶。实验完毕后，量取各段温度所收集的馏分体积。

(3)后处理。

待无液体蒸出后，关闭冷凝水。按与安装顺序相反的顺序拆卸装置。拆卸完毕后，将沸石倒入垃圾桶中(陶瓷管沸石需要回收)，将仪器清洗干净，并按要求摆放整齐。

五、实验结果

温度/(℃)	小于 76	76～83	83～94	大于 94
馏分体积/mL				

六、注意事项

(1)加热速度对分馏效率影响较大，特别是待蒸馏物沸腾后需要保持微沸几分钟，否则加热太快，产生的混合蒸气来不及在分馏柱中充分冷凝直接到达蒸馏头，使得馏分组成不纯。

(2)温度计位置要准确,否则影响收集组分的纯度及数量。

(3)不要将所有液体蒸干,以防起火或爆炸。

(4)操作要轻,由于本实验整体装置重心偏高,要防止玻璃仪器破损,不用的仪器及时放回原位;放置于桌面时要注意不要碰倒或滚落到地上。

七、思考题

(1)分馏装置由哪几个部分组成?

(2)分馏与简单蒸馏的原理、装置及操作有什么异同?

实验二十一　萃取乙酸乙酯水溶液中的醋酸

一、实验目的

(1)学习萃取法的原理和方法。

(2)掌握分液漏斗的使用方法和萃取剂的选择原则。

(3)熟悉萃取的用途及适用范围。

二、实验原理

萃取是利用物质在两种不互溶或微溶的溶剂中,溶解度或分配比的不同,通过混合液体、分液等操作,来达到分离、提取或纯化目的的一种操作。萃取是有机化学实验中用来分离或纯化有机化合物的基本操作之一。

萃取可以用于从固体或液体混合物中提取所需要的物质,也可以用来洗去混合物中少量杂质。通常称前者为萃取,称后者为洗涤。根据被提取物质状态的不同,萃取分为两种:一种是用溶剂从液体混合物中提取物质,称为液—液萃取;另一种是用溶剂从固体混合物中提取所需物质,称为液—固萃取。

以液—液萃取的操作来说明分离原理。设溶液由有机化合物 X 溶解于溶剂 A 组成。现要从其中萃取 X,可选择一种对 X 溶解度极好,而与溶剂 A 不相混溶和不起化学反应的溶剂 B。把溶液放入分液漏斗中,加入溶剂 B,充分振荡。静置后,由于溶剂 A 和溶剂 B 不相混溶,故分成两层。

实验证明,在一定温度和压力的情况下,若 X 的分子在 A、B 两种不互溶的溶剂中均不发生分解、电离、缔合和溶剂化等作用,则 X 被溶解在这两种溶剂中达到平衡状态时,X 在两种溶剂中的浓度比为一常数,叫做分配系数,用 K 表示。这种关系叫分配定律,用公式来表示

$$\frac{C_A}{C_B} = K$$

式中:C_A为 X 在溶剂 A 中的浓度;C_B为 X 在溶剂 B 中的浓度。

注意:分配定律是假定所选用的溶剂 B 不与 X 起化学反应时才适用。

由于有机化合物在有机溶剂中比在水中的溶解度大,因而可以用与水不互溶的有机溶剂将有机物从其水溶液中萃取出来。为了节省溶剂并提高萃取效率,根据分配定律,用一定量的溶剂一次加入溶剂中萃取,不如将同量的溶剂分作几份做多次萃取的效率高。

萃取剂满足的基本条件:①X 在溶剂 B 中的溶解度极好,且远远大于在溶剂 A 中的

溶解度;②溶剂 B 与溶剂 A 不互溶,且两相间有一定的密度差,以利于两相的分层;③溶剂 B 的毒性小,不与 X、溶剂 A 起化学反应;④溶剂 B 的沸点低,以利于与 X 分离。

在实际操作中用得比较多的溶剂有:四氯化碳、氯仿、二氯甲烷、二氯乙烷、乙醚、石油醚、苯、正丁醇、乙酸乙酯等。一般水溶性较小的物质可用石油醚萃取,水溶性较大的可用苯或乙醚萃取,水溶性极大的可用乙酸乙酯萃取。

三、实验用品

铁架台(带铁圈)、250 mL 分液漏斗、洗耳球、移液管、250 mL 锥形瓶、25.00 mL 碱式滴定管等。

冰醋酸水溶液(体积比为 1∶19)、乙酸乙酯、酚酞、0.2000 mol/L 氢氧化钠标准溶液等。

四、实验内容

1. 分液漏斗的使用

(1)分液漏斗的选用。

实验室中常用的萃取仪器是分液漏斗,分液漏斗的容积应为被萃取液体积的 2 倍左右,按照这个大致比例选择合适规格的分液漏斗。

(2)检漏。

使用前必须检查分液漏斗上口的塞子和下方的活塞是否紧密配套和是否漏液。检漏方法:关闭活塞,从分液漏斗的上口加入适量水,盖紧塞子,将其放在铁圈上静置 1~2 min,如图 4-4 所示。观察活塞处是否有水滴出现,若没有,则说明活塞处紧密性良好。然后用右手食指根部顶住上口塞子,将分液漏斗倒立,观察上口塞子处是否有水滴出现,若没有,则将分液漏斗正立后,把玻璃塞旋转 180°后再倒立检漏。最后观察上口塞子处是否有水滴出现,若没有,则说明分液漏斗不漏液。

活塞如有漏水现象,应及时处理。方法:取下活塞,用纸或干布擦净活塞及活塞孔道的内壁,然后在活塞两边各抹上一圈凡士林,注意不要抹在活塞的孔中,然后插上活塞,旋转至透明即可使用。若上口塞子漏液,则更换塞子再次检测直至不漏液为止。

(3)装液。

将检漏合格的分液溜斗放在铁架台的铁圈上,关闭活塞,取下上口塞子,从漏斗的上口将被萃取液体倒入分液漏斗中,然后再加入萃取剂,盖紧上口塞子,如图4-4所示。

(4)振荡和排出蒸气。

取下分液漏斗,以右手手掌(或食指根部)顶住漏斗上口塞子,握紧漏斗上口颈部,左手掌心朝上张开，收回无名指和小指，让分液漏斗下端的玻璃管位于食指和中指之间，收回大拇指、食指和中指，顺势用食指钩住活塞部分的塞子，此时左右手掌心相向，大拇指都在分液漏斗的左侧，如图 4-5 所示。振荡时，将分液漏斗倒立向下倾斜约 30°，开始时要双手前后转圈振荡，几次后，在漏斗仍保持倾斜状态，用左手大拇指、食指和中指配合，如图 4-6 所示，旋开目前位于上方的活塞，放出振荡中产生的蒸气，使漏斗内外压力平衡，防止发生冲料。如此重复 2～3 次，至排出蒸气时只有很小压力后，再剧烈振摇 1～3 min，再次排气后将分液漏斗放在铁圈上静置。

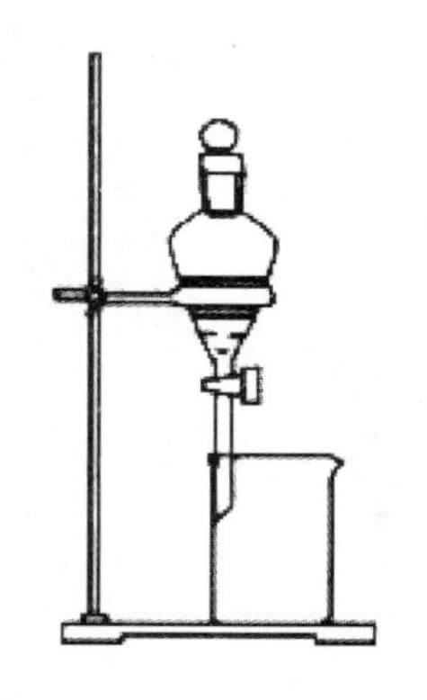

图 4-4　液—液萃取装置

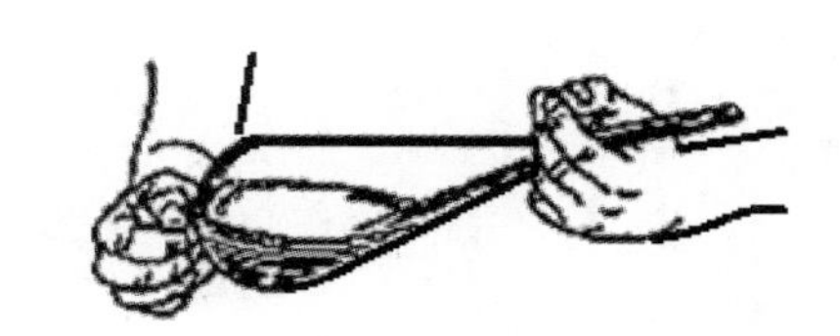

图 4-5　振荡分液漏斗示意图

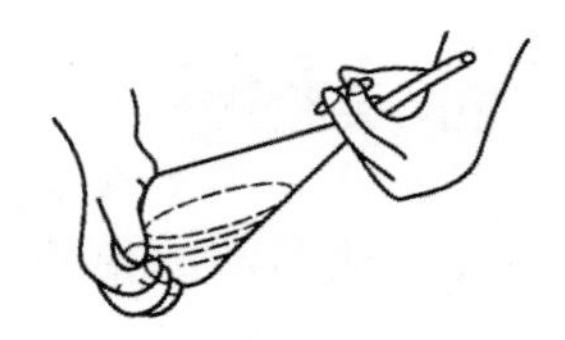

图 4-6　排气操作示意图

(5)静置分层。

将分液漏斗放在铁圈上静置 5～10 min，使油水两相分层，静置时间越长越有利于两相的彻底分离。此时，注意认真观察两相的分界线，有的很明显，有的则不易分辨。一定要确认两相的界面后，才能进行下面的操作，否则还需要静置一段时间。

(6)分离油水两相。

分液漏斗中的液体分成明显的两层以后，才可以进行分离放液。先把上口塞子打开，然后把分液漏斗的下端靠在接收器的内壁，缓缓打开活塞，让液体流下。当两相的界面接近活塞时，关闭活塞，静置片刻，这时下层液体往往会增加一些，再把下层液体仔细地放出，剩下的上层液体从上口倒入另一个容器里。如果在两相间有少量絮状物，应把它分到水层中去。

2. 一次萃取法萃取

将已检漏的分液漏斗活塞关紧并放置在铁圈上，打开上口塞子。准确移取 10.00 mL 冰醋酸水溶液($V_{冰醋酸}:V_{水}=1:19$，密度为 1.06 g/mL)于分液漏斗中，并加入 30 mL 乙酸乙酯，盖上上口塞子。取下分液漏斗依次进行震荡放气、静止分层(具体操作见分液漏斗的使用部分)。当分液漏斗中的液体分成两层后，小心打开活塞慢慢放出下层水溶液于 50 mL 锥形瓶内。向锥形瓶中加入 2～3 滴酚酞指示剂，并用 0.2000 mol/L

氢氧化钠标准溶液滴定，当滴定至微红色且半分钟不褪色即为滴定终点，记录消耗的氢氧化钠的体积。计算留在水中的醋酸量和一次萃取的效率。

3. 多次萃取法萃取

准确移取 10.00 mL 冰醋酸水溶液($V_{冰醋酸}:V_{水}=1:19$，$\rho_{冰醋酸}$为 1.06 g/mL)于分液漏斗中，用 10 mL 乙酸乙酯用上述方法萃取，下层水溶液放入 50 mL 锥形瓶中，酯层由上口倒入指定容器。水溶液转移至分液漏斗中，再加入 10 mL 乙酸乙酯萃取，分出的水溶液仍用 10 mL 乙酸乙酯萃取，酯层仍由上口倒入指定容器。如此前后共计 3 次，最后将第 3 次萃取后的水溶液放入 50 mL 锥形瓶内，向锥形瓶中加入 2～3 滴酚酞指示剂，用 0.2000 mol/L 氢氧化钠标准溶液滴定，记录消耗的氢氧化钠的体积。计算留在水中的醋酸量和 3 次萃取的效率。

根据上述两种不同方法所得数据，比较萃取醋酸的效率。

五、实验结果

1. 数据记录

$V_{冰醋酸水溶液}=$__________ mL；$V_{乙酸乙酯}=$__________ mL；$\rho_{冰醋酸}=$__________ g/mL；$\Delta V_{NaOH}=$__________ mL；$C_{NaOH}=$__________ mol/L。

2. 相关计算

醋酸的总量__________；留在水中的醋酸量__________；萃取效率__________。

六、注意事项

(1)假设 V_A 为原溶液的体积(mL)；m_0 为萃取前溶质的总量(g)；m_1、m_2、…、m_n 分别为萃取 1 次、2 次、…、n 次后溶质的剩余量(g)；V_B 为每次萃取溶剂的体积(mL)。

第 1 次萃取后，有

$$K=\frac{\frac{m_1}{V_A}}{\frac{m_0-m_1}{V_B}}$$

所以

$$m_1=m_0\left(\frac{KV_A}{KV_A+V_B}\right)$$

第 2 次萃取后，有

$$K=\frac{\frac{m_2}{V_A}}{\frac{m_1-m_2}{V_B}}$$

所以

$$m_2 = m_1\left(\frac{KV_A}{KV_A + V_B}\right) = m_0\left(\frac{KV_A}{KV_A + V_B}\right)^2$$

经过 n 次萃取后，有

$$m_n = m_0\left(\frac{KV_A}{KV_A + V_B}\right)^n$$

当用一定量的溶剂萃取时，希望在水中的剩余量越少越好。而 $KV_A/(KV_A + V_B)$ 的值总是小于 1，所以 n 越大，m_n 就越小，即将溶剂分成数份做多次萃取比用全部量的溶剂做一次萃取的效果好。但是，萃取的次数也不是越多越好。因为溶剂总量不变时，萃取次数 n 增加，V_B 就会减小。当 $n>5$ 时，n 和 V_B 两个因素的影响就几乎相互抵消了，n 再增加 m_n/m_{n+1} 的变化很小，所以一般同体积溶剂分 3～5 次萃取即可。

（2）如果振荡力度过大，有些有机溶剂和某些物质的溶液会产生乳化现象，没有明显的两相界面，无法从分液漏斗中分离。这种情况下，应该避免急剧的振荡。如果已形成乳浊液，且一时又不易分层，则可用以下几种方法处理：①加入食盐，使溶液饱和，减低乳浊液的稳定性；②加入几滴醇类溶剂（如乙醇、异丙醇、丁醇或辛醇），以破坏乳化；③若因溶液碱性而产生乳化，可加入少量稀硫酸破除乳状液；④通过离心机离心或抽滤以破坏乳化；⑤在一般情况下，长时间静置分液漏斗，可达到乳浊液分层的目的。

（3）注意分析上下两相的组分，一般可根据两相的密度来确定，密度大的在下层，密度小的在上层。如果一时判断不清，可取少量下层液体置一小试管中，用滴管轻轻滴入几滴水后观察是否互溶。若互溶，则分液漏斗的下层是水相，否则为有机相。

（4）不能将酯层从旋塞放出，放出下层液体时，控制流速不能太快，在水层放出后，需等待片刻，观察是否还有水层出现。如果有就应该将此水层放入锥形瓶中。

七、思考题

（1）萃取剂的选择原则是什么？

（2）什么是萃取？什么是洗涤？

（3）从分液漏斗下端放出液体时，为何不能流得太快？当界面接近旋塞时，为什么将旋塞关闭，静止片刻后再进行分离？

实验二十二　水蒸气蒸馏——从肉桂粉中提取肉桂醛

一、实验目的

(1)了解水蒸气蒸馏的目的和意义。

(2)学习水蒸气蒸馏的原理及其应用。

(3)掌握水蒸气蒸馏的装置及其操作方法。

二、实验原理

水蒸气蒸馏是将水蒸气作为热源,通入不溶或难溶于水但有一定挥发性的有机物质中,使该有机物质在低于 100 ℃的温度下,随着水蒸气一起蒸馏出来的操作。

一定温度下,完全不互溶或难溶的挥发性混合体系中,每种挥发性物质都具有各自的蒸气压,并且其蒸气压的大小与该种液体单独存在时的蒸气压相同,不受另外挥发性物质的影响。也就是说,混合物中的每一组分都是单独挥发的。根据道尔顿(Dalton)分压定律可知,当进行水蒸气蒸馏,向不溶于水或难溶于水的有机物质中通入水蒸气,互不相溶混合物液面上的总蒸气压为各组分蒸气压之和,即

$$P_{总} = P_{A} + P_{水蒸气}$$

当 $P_{总}$ 等于外界大气压时,混合溶液开始沸腾,这时的温度即为混合物的共沸点。依据沸点的定义,显然混合物的沸点比其中任何一组分的沸点都要低。因此,常压下进行水蒸气蒸馏,有机物可在比自身沸点低得多的温度下,并且低于 100 ℃的情况下,将高沸点有机组分与水蒸气一起蒸馏出来。当馏出液冷却后,不溶于水或难溶于水的有机化合物会从水中分层析出。馏出液中,有机物与水的物质的量之比等于它们在沸腾时各物质的分压之比。

水蒸气蒸馏也是分离和提纯有机化合物的常用法,但被提纯物质必须具备以下条件:①不溶或难溶于水;②与水一起沸腾时不发生化学变化;③在 100 ℃左右该物质蒸气压至少在 10 mmHg(1.33 kPa)以上。

水蒸气蒸馏常用于以下几种情况:①从固体或含有较多固体的混合物中分离被吸附的液体产物;②混合物中含有大量树脂状的物质或不挥发性杂质,而用一般蒸馏、萃取或过滤等方法又难以分离;③在常压下蒸馏易发生分解的高沸点有机物。

本实验采用水蒸气蒸馏的方法从肉桂粉中提取肉桂油,馏分采用萃取的方法与水分离,最后通过简单蒸馏的方法分离出萃取剂,得到主要成分为肉桂醛的肉桂油。

三、实验用品

铁架台、电热套、500 mL 具支蒸馏烧瓶、单孔橡皮塞、水蒸气导入管、玻璃管(30～40 cm)、弯导管、T 形管、橡皮管、250 mL 三口烧瓶、直形冷凝管、尾接管、锥形瓶、点滴板等。

肉桂树皮、乙酸乙酯、酸性高锰酸钾溶液(以 1 mol/L H_2SO_4 溶液为溶剂配置高锰酸钾质量分数为 5%溶液)、1% Br_2/CCl_4溶液、2,4-二硝基苯肼试剂等。

四、实验内容

1. 搭建水蒸气蒸馏装置

常用的水蒸气蒸馏装置,包括水蒸气发生器、加热气化、冷凝和接液 4 个部分,水蒸气蒸馏装置示意图,如图 4-7 所示。

水蒸气发生装置:金属水蒸气发生装置,如图 4-8 所示,实验室也可用一根 30～40 cm 玻璃管(安全管)插入 500 mL 具支蒸馏烧瓶,代替金属水蒸气发生装置安全管下端要接近圆底烧瓶底部,和电热套一起组装为水蒸气发生装置。

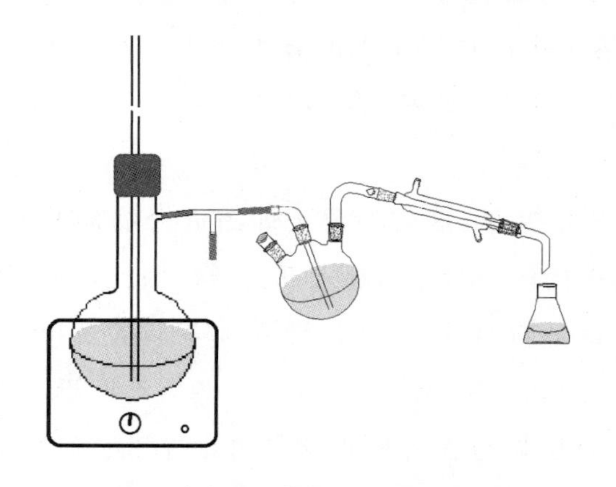

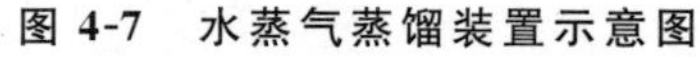

图 4-7　水蒸气蒸馏装置示意图

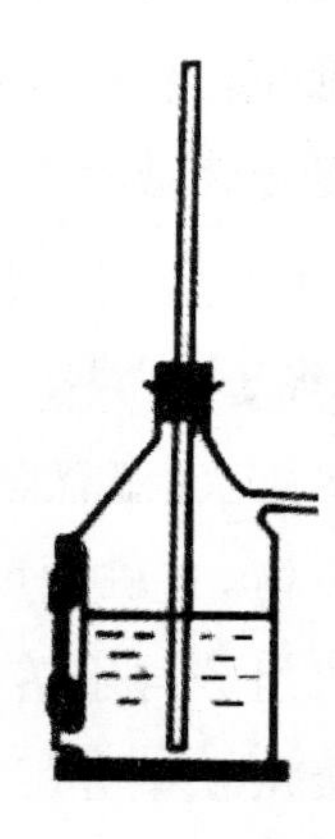

图 4-8　金属水蒸气发生装置

具支圆底烧瓶中装水量为总容积的 1/2～3/4,以提供足量的水蒸气。T 形管的一端连接具支蒸馏烧瓶支管,另一端接水蒸气导入管,并接入蒸馏装置部分的三口烧瓶,下端口接一软橡皮管,用止水夹夹住。T 形管可以调节蒸气量,也可以除去水蒸气冷凝时的水,如果在操作中发生不正常情况,可与大气相通以免发生危险。这段导管尽可能短些,以防水蒸气冷凝,影响蒸馏效果。

蒸馏装置:蒸馏部分常采用 250 mL 的三口烧瓶,被蒸馏的液体一般不超过三口烧瓶容积的 1/3。三口烧瓶左口用磨口玻璃塞塞住,中口接入水蒸气导入管,水蒸气导入管低端要位于液面下且距三口烧瓶底部约 1 cm,右口通过弯管连接冷凝管。搭装置时，使弯管接三口烧瓶段垂直，以增加冷凝管口与蒸馏液面的高度差。

2. 肉桂油的提取

(1)加料和加热。

检查装置的气密性后，在具支圆底烧瓶中加入约 1/2 体积的水，固定紧安全管，并打开电热套电源快速加热。从左口往三口烧瓶中加入适量的开水，其用量以淹没水蒸气导入管下口为准，再加入称取的 3 g 研碎的桂皮粉，盖好塞子后接通冷凝水。

(2)蒸馏。

当有大量水蒸气产生后，立即夹住 T 形管下端口的软橡皮管，使水蒸气进入蒸馏瓶，开始蒸馏。若由于水蒸气的冷凝，而使蒸馏瓶内液体量增加，此时可适当加热蒸馏瓶。一般不需要控制蒸馏速度，每秒不超过 4 滴为宜，过快易发生意外。

(3)停止蒸馏。

蒸馏过程中注意观察尾接管中馏出液，当馏出液不再浑浊或上方无明显油珠且澄清透明时，便可停止蒸馏。

(4)后处理。

停止蒸馏时，先关闭并移走热源，打开 T 形管下端口的夹子，待液体稍冷后，断开水蒸气发生器与蒸馏系统，最后拆除装置并清洗干净。

3. 肉桂油的提纯

(1)萃取。

将馏出液转移到分液漏斗中，用 20 mL 乙酸乙酯分两次萃取。弃去水层，油层移入 50 mL 的具塞锥形瓶(碘量瓶)中，加入适量(加入的干燥剂不呈泥浆状而是恰好呈颗粒状为准)无水硫酸钠干燥 30 min。

(2)蒸馏。

将萃取液用塞有脱脂棉的玻璃漏斗过滤到已经称重过的 50 mL 单口烧瓶中，搭建蒸馏装置除去乙酸乙酯，控制馏分滴落速度为每秒 1～2 滴，观察到温度计温度突然开始上升后停止蒸馏，留在烧瓶中的黄色油状液体即为肉桂油。

4. 肉桂油的性质检测

(1)折光率的测定：用毛细管吸取 1 滴肉桂醛液体在阿贝折射仪上测其折光率。

(2)在有肉桂油的小烧瓶中加入 5 mL 左右的乙酸乙酯馏出液，溶解肉桂油，继续作性质检测。

(a)取 1 滴肉桂醛提取液于洁净的点滴板凹槽，加入 1 滴 1% Br_2/CCl_4 溶液，观察红棕色是否褪去。

(b)取 2 滴肉桂醛提取液于点滴板凹槽，加入 2 滴 2,4-二硝基苯肼试剂，观察是否有黄色沉淀产生。

(c)取 2 滴肉桂醛提取液于点滴板凹槽，加入 2 滴酸性高锰酸钾溶液，观察颜色变化。

五、实验结果

产物性状描述：____________。

$m_{肉桂粉}$ = ____________ g；$m_{烧瓶}$ = ____________ g；$m_{烧瓶+肉桂油}$ = ____________ g；提取率 = ____________ %；加入溴水现象：____________；加入 2，4-二硝基苯肼试剂现象：____________；加入酸性高猛酸钾现象：____________。

六、注意事项

(1)肉桂醛即(E)-3-苯基-2-丙烯醛，是一种不饱和芳香醛，为黄色黏稠状液体，在肉桂皮中含量较高。其相对密度为 1.046～1.052，折光率(20 ℃)为 1.619～1.623，常压下沸点为 253 ℃，难溶于水、甘油和石油醚，易溶于醇和醚，能随水蒸气挥发，在强酸性或者强碱性介质中不稳定，易导致变色，在空气中易被氧化。

(2)水蒸气发生器一般是由铜或铁板制成，在装置的侧面安装一玻璃水位计，可观察发生器内的水位，水位高度一般为水蒸气发生器的 1/2～3/4，在发生器的口上安装一根长玻璃管(安全管)，并将此长管下端接近发生器底部，从而调节体系内部的压力，以防止体系发生堵塞时引发危险。

(3)在蒸馏过程中，通过观察水蒸气发生器安全管中水位的高度，可判断水蒸气蒸馏系统是否安全、畅通，若安全管内水位上升很高，则说明某部分被阻塞了，这时应立即打开 T 形管的下端口的夹子，并移去热源，拆卸装置进行检查和处理。

七、思考题

(1)水蒸气蒸馏与简单蒸馏在原理和装置上有何不同？

(2)水蒸气发生器中的安全管具有什么作用？

(3)水蒸气蒸馏时，水蒸气导管的末端为何要插入接近蒸馏瓶的底部？

实验二十三　粗乙酰苯胺的重结晶

一、实验目的

(1)学习重结晶的基本原理及试验方法。

(2)掌握抽滤、脱色、热过滤等重结晶基本操作技术。

(3)了解重结晶常用的溶剂及选择原则。

二、实验原理

在有机反应中,固体产物的常用提纯方法之一就是重结晶。利用某种溶剂对被提纯物质及杂质的溶解度不同,通过加热溶解制成饱和热溶液并热过滤除去溶解度很小的杂质,又冷却结晶使被提纯物质从过饱和溶液中析出,再次常温过滤除去冷却后留在母液中的溶解度很大的杂质,从而达到分离纯化固体物质的目的,整个操作过程称为重结晶。

重结晶的一般过程包括:①选择适宜的溶剂;②饱和溶液的配制及必要时的脱色;③热过滤除去杂质;④晶体的析出;⑤晶体的收集和洗涤;⑥晶体的干燥。在重结晶操作中,溶剂的选择是非常关键的。

粗产品杂质含量多,常会影响晶体生成的速度,甚至会妨碍晶体的形成,使晶体难以析出,或者重结晶后仍有杂质,这时,必须采取其他方法先初步提纯。例如,萃取、水蒸气蒸馏、减压蒸馏等操作后浓缩结晶,然后再进行重结晶提纯,必要时需多次重结晶以获得纯品。

三、实验用品

烧杯、布氏漏斗、抽滤瓶、锥形瓶、圆底烧瓶、球形冷凝管、电子天平、电热套、表面皿、烘箱、真空水泵等。

乙酰苯胺粗品、水、滤纸、活性炭等。

四、实验内容

1. 称量样品

用电子天平称取粗乙酰苯胺 3 g,置于 250 mL 烧杯或锥形瓶里,记录称取的质量 $m_{粗}$。

2. 饱和溶液的配制

往烧杯里加约 50 mL 蒸馏水，搅拌使之溶解，放于电炉上加热，加热搅拌至沸腾，再在加热搅拌下逐步加入 20 mL 水使之全部溶解。若不溶解，可再添加适量水，搅拌并加热接近沸腾至乙酰苯胺溶解。撤去电炉，加少量水让其稍微冷却后再加入少量活性炭，搅拌混合，再加热煮沸 5～10 min。

3. 热过滤除去杂质

用热的布氏漏斗和抽滤瓶，漏斗中垫上双层滤纸，并用洗瓶挤出少量水润湿，打开真空水泵开关，趁热将沸腾的溶液进行抽滤，并迅速将滤液转入准备好的 250 mL 烧杯中。如果抽滤瓶中有晶体析出，用洗瓶和少量水冲洗抽滤瓶，将晶体转入盛放热滤液的烧杯中。

4. 冷却结晶

滤液放置冷却，待乙酰苯胺结晶完全析出。

5. 晶体的收集和洗涤

将冷却的滤液进行抽滤，未一次性转入漏斗的晶体，用母液冲洗烧杯，转入漏斗进行抽滤。抽干后，用玻璃瓶塞挤压晶体继续抽滤，尽量除去母液。用适量的水冲洗晶体，再次抽滤，重复操作一次，使晶体基本被洗净，然后尽量抽干。

6. 晶体的干燥

收集布氏漏斗中的晶体至蒸发皿，放在表面皿上晾干或在 100 ℃以下烘干至恒重，称量，记录晶体质量 $m_{晶}$，计算产率。

测量产物的熔点，判断产物的纯度。

五、实验结果

产物性状描述：＿＿＿＿＿＿＿＿。

$m_{晶1}$ = ＿＿＿＿＿＿＿＿ g；$m_{晶2}$ = ＿＿＿＿＿＿＿＿ g；η = ＿＿＿＿＿＿＿＿%。

$T_{熔点1}$ = ＿＿＿＿＿＿＿＿℃；$T_{熔点2}$ = ＿＿＿＿＿＿＿＿℃；$T_{平均熔点}$ = ＿＿＿＿＿＿＿＿℃。

六、注意事项

(1)在重结晶操作中，分去晶体后的溶液称为母液。为了减少重结晶操作中晶体的损失，在将容器中未一次性转移到布氏漏斗中的晶体再次转移到漏斗中时，最好使用母液来冲洗容器，其原因是在该温度下，母液中的待纯化/提取物处于溶解的饱和状态。

(2)溶剂的选择原则：①不与重结晶物质发生化学反应；②高温时能溶解大量被提纯物质，低温时溶解极少；③杂质在其中的溶解度极大(杂质留在母液中)或极小(热过滤时可除去);④能使被提纯物质结出较好的晶形;⑤溶剂的沸点适中且毒性较小,若沸点过低,则溶解度改变不大,若沸点过高,则不易与重结晶物质分离。

(3)对于受热溶解需要时间较长的有机物或使用易挥发、易燃的溶剂溶解样品进行重结晶时,需要使用单口烧瓶作为溶解用容器,接上球形冷凝管,采用回流加热的方法制备热溶液。

(4)制备热溶液时,要尽可能地得到被纯化物质的饱和溶液。如果知道需要纯化的物质在溶剂沸点温度的溶解度,可以提前计算所需溶剂的量,在计算量的基础上多加20%~30%的溶剂,以补充受热蒸发的部分和防止热过滤晶体的析出。在不知道溶解度数据时,注意首次溶剂的量不要加入太多,在沸腾后逐步补加,如果发现即使加入再多的溶剂,残余未溶解固体的量没有减少,则说明这些固体属于不溶性杂质,应停止再加入溶剂。

(5)固体物质溶解后,溶液中如果含有色素和树脂状杂质,常用活性炭当吸附剂去除,防止影响纯化效果和晶体的析出。加入活性炭的量大约相当于被提纯固体质量的5%~10%,若一次脱色不彻底,可以重复操作进行多次脱色。活性炭除了吸附杂质外,也会吸附产物,因而加入量不能太多,因为活性炭多孔,必须等待热溶液冷到低于沸点10~20 ℃后才加入活性炭,不能将活性炭直接加入沸腾或接近沸腾的热溶液中,否则易引起暴沸冲料,甚至引起火灾。

(6)热的布氏漏斗和抽滤瓶可以提前在烘箱中加热,使用时带上棉线手套防止烫伤。

(7)洗涤晶体的操作方法:先把橡胶管从抽滤瓶上拔出,关闭抽气泵,用洗瓶冲出少量蒸馏水,均匀地洒在晶体上至水全部埋住晶体,用玻璃棒小心地均匀地搅动晶体,注意不要搅到滤纸,然后接上橡胶管,再进行抽滤。

七、思考题

(1)重结晶包含哪些步骤?加入的溶剂量过多或不够分别会有什么影响?

(2)活性炭在实验中有什么作用?为什么活性炭不能在溶液沸腾时加入?

(3)重结晶时,选用的溶剂应具备哪些条件?

(4)用水和有机溶剂分别为溶剂进行重结晶时,在装置上有什么区别?说明理由。

(5)粗乙酰苯胺饱和溶液为什么要用热的漏斗和抽滤瓶进行抽滤操作?

(6)停止抽滤前,为什么要先拔下抽滤瓶上的橡胶管再关闭抽气真空泵?

实验二十四　柱色谱分离有机染料

一、实验目的

(1)了解柱色谱层析的基本原理。

(2)掌握柱色谱层析的操作方法。

(3)了解选择洗脱剂的原则和常见的洗脱剂类型。

二、实验原理

柱色谱又叫柱层析,属于液—固吸附色谱,是一种利用固定相(吸附剂)对混合各组分的吸附能力不同,流动相(洗脱剂)对各组分的解吸速度的差异,用来分离和提纯少量有机化合物的方法。

当混合物溶液加在固定相(吸附剂)上,由于吸附剂对各组分的吸附能力不同,当流动相流过固体表面时,混合物各组分在液—固两相间分配。吸附强的组分在流动相分配少,吸附弱的组分在流动相分配多。流动相流过时各组分会以不同的速率向下移动,吸附弱的组分以较快的速率向下移动。随着流动相的移动,在新接触的固定相表面上又依这种吸附—溶解过程进行新的分配,新鲜流动相流过已趋平衡的固定相表面时也重复这一过程,结果是吸附弱的组分随着流动相移动在前面,吸附强的组分移动在后面,吸附特别强的组分甚至会不随流动相移动。各种化合物在色谱柱中形成带状分布,分别收集即可达到分离混合物的目的。

在进行洗脱操作时,先用非极性或极性小的洗脱剂淋洗,然后用极性大的洗脱剂进行淋洗。

三、实验用品

砂芯层析柱(10 cm×1 cm)、50 mL 烧杯、玻璃棒、滴管、滴瓶、量筒等。

微晶纤维素粉(柱层析用)、95%的乙醇溶液、靛红与罗丹明 B 的混合醇溶液、水等。

四、实验内容

(1)装柱。称取 1.0 g 微晶纤维素粉于洁净烧杯中,加 8 mL 95%的乙醇溶液浸润。将层析柱垂直固定于铁架台上,关闭活塞,将浸润的微晶纤维素粉在搅拌情况下分次装入层析柱中。打开活塞,并控制液体流速约每秒 1 滴,通过流动相的流动使固定相尽量均匀，松紧合适，上表面平整（4～5 cm 高），装置如图 4-9 所示。用少量乙醇将柱壁黏附的微晶纤维素粉冲洗下去。

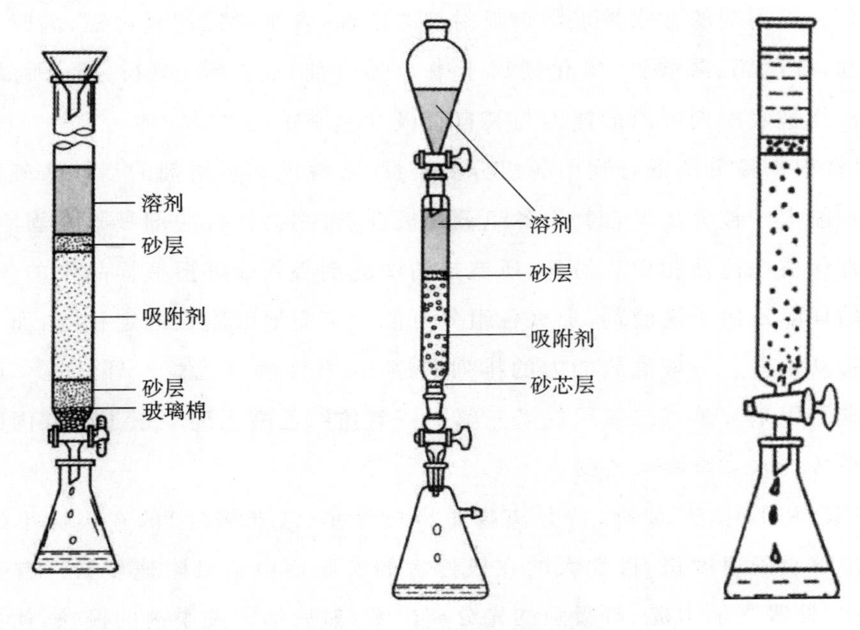

图 4-9　柱层析装置图

（2）加样。当层析柱中的洗脱剂液面下降至与固定相平面相切时，小心加入靛红与罗丹明 B 的混合醇溶液 2～3 滴（滴加前应充分摇匀），使之被固定相吸附。

（3）洗脱。少量多次地加入 95% 的乙醇溶液，始终保持洗脱剂液面覆盖着固定相进行洗脱。待有一种染料完全被洗脱下来时，再将洗脱剂改换为水继续洗脱。待第二种染料全部被洗脱下来，即分离完全，可停止层析操作。两种染料分别收集于不同的烧杯中。

（4）实验后处理。倾斜倒置层析柱，打开活塞，用洗耳球从出口处吹气，将微晶纤维素柱体从层析柱中吹出。按要求回收废弃试剂，清洗仪器。

五、实验结果

（1）先洗脱出的颜色是__________，溶质是__________。

（2）后洗脱出的颜色是__________，溶质是__________。

六、注意事项

（1）常用的吸附剂有氧化铝、氧化镁、硅胶、纤维素、碳酸钙和活性炭等。

（2）吸附剂在使用前一般要经过纯化和活化处理，颗粒大小均匀。吸附剂颗粒越小，比表面积就越大，吸附能力就越高，组分在流动相和固定相之间达到平衡就越快，色带就越窄。若颗粒太小，流动相的流动速率因受阻而变慢，通常选用100～150目吸附剂颗粒为宜。吸附剂的含水量也影响吸附剂的活性，含水量低的氧化铝、硅胶和氧化镁为强吸附剂，碳酸钙、磷酸钙、氧化镁属于中等吸附剂，而蔗糖、淀粉、滑石粉属于弱吸附剂。有机物被吸附剂吸附的能力与其自身极性大小正相关。

(3)通常根据被分离混合物中各组分的极性、溶解度和吸附剂的活性来确定。洗脱剂的极性不能大于被分离混合物中各组分的极性，否则会使洗脱剂吸附在固定相上，迫使样品一直保留在流动相中。另外，所选择的洗脱剂必须能够溶解样品中的各组分，如果被分离的样品不溶于洗脱剂，那么各组分可能会牢固地吸附在固定相上，而不随流动相移动或移动很慢。一般洗脱能力的排列顺序为：石油醚＝己烷＜环己烷＜四氯化碳＜二硫化碳＜甲苯＜苯＜二氯甲烷＜三氨甲＜氯仿＜乙酸乙酯＜正丁醇＜丙酮＜丙醇＜乙醇＜甲醇＜水＜吡啶＜乙酸。

(4)根据“相似相溶”原理，待分离物质中极性小(或非极性)的在极性小(非极性)的洗脱剂中解吸附速度快，极性大的在极性大的洗脱剂中解吸附速度快。首先使用极性小的溶剂，使吸附能力弱、解吸强的先分离出来，然后加大洗脱剂的极性，使极性不同的化合物按极性由小到大的顺序从层析柱中洗脱出来。

(5)靛红，是一种橙红色单余棱柱结晶，粉末状态下具有铜样光泽，学名为靛蓝胭脂红，又名酸性靛蓝、2,3-二酮二氢吲哚等，为蓝色染料，用作染料和医药的中间体，在化学分析中，是测定亚铜离子、硫醇、噻吩、尿蓝母的试剂，易溶于热乙醇，微溶于乙醚，溶于热水、苯、丙酮，也溶于碱金属氢氧氧化物。

(6)罗丹明B，一般情况下是绿色结晶或红紫色粉末，又称若丹明B、玫瑰红B等，易溶于水、乙醇，微溶于丙酮、氯仿、盐酸和氢氧化钠溶液。其水溶液为蓝红色，稀释后有强烈荧光，醇溶液有红色荧光，常用作实验室中细胞荧光染色剂，广泛应用于有色玻璃、特色烟花爆竹等行业。

(7)装柱前，要将色谱柱洗干净并干燥，然后将色谱柱垂直地固定在铁架台上。如果色谱柱下端没有砂芯横隔，就取少许脱脂棉或玻璃棉平铺在柱底，并在上面铺上一层厚度达0.5～1 cm的石英砂或细沙，然后进行装柱。它有湿法和干法两种装柱方法。湿法装柱是将吸附剂用洗脱剂中将最先进行洗脱的洗脱剂调成糊状，再行装柱；干法装柱是将吸附剂加入漏斗中，使吸附剂成细流连续地装入柱中。不论采用哪种方法，都要保证使装入的吸附剂紧密均匀、没有裂痕和气泡、顶层水平，柱内壁黏附的吸附剂要淋洗下去，柱子填充完后，在吸附剂上端覆盖一层约0.5 cm厚的石英砂或覆盖一片比柱内径略小的圆形滤纸。注意在湿法装柱过程中，柱内洗脱剂的高度始终不能低于吸附剂最上端。氧化铝与硅胶的溶剂化作用易使柱内形成细缝，所以氧化铝和硅胶不适用于干法装柱。

(8)柱层析所用样品要预处理，固体样品应用少量的溶剂完全溶解后再加到柱中；液体样品可以直接加入色谱柱中(浓度低可旋转浓缩后再加样)。在加入样品时，先将柱内洗脱剂排至刚好与吸附剂表面相切后停止排液，用长滴管尽量靠近吸附剂表面沿管壁将样品一次加完，并加入少量的洗脱剂将壁上的样品冲洗下来。在加入洗脱剂洗脱前，要打开下旋塞排液，使样品进入吸附剂层，当液面和吸附剂表面平齐时关闭活塞，充分吸附几分钟。

(9)加样前要充分摇匀，因为混合物溶剂是95%的乙醇溶液，对极性大的靛红的溶解度远低于罗丹明B。

(10)加入洗脱剂洗脱时，若样品量少，可用滴管加入；若样品量多，可用装有洗脱剂的滴液漏斗平稳地加入洗脱剂洗脱。在洗脱过程中，样品在色谱柱内的下移速度不能太快，否则样品混合物不能充分分离；洗脱剂的流速越慢，则样品在色谱柱中停留的时间越长，各组分在固定相和流动相之间能得到充分的吸附和解吸，分离效果可达到理想状态。但样品在柱内的下移速度也不能太慢，时间太长某些组分结构可能被破坏，使色谱带扩散，反而影响分离效果。若洗脱下移速度太慢，可适当用加压球加压或用水泵减压。

七、思考题

(1)为什么靛红比罗丹明B在色谱柱上的吸附更牢固？

(2)为什么极性大的组分要用极性较大的溶剂洗脱？

(3)本实验中，哪一个为固定相，哪一个为流动相？

(4)为什么洗脱剂洗脱的速度不能太快，也不能太慢？

实验二十五　溶液浓度的测定(折射率法)

一、实验目的

(1)了解测定化合物折射率的意义。

(2)熟悉测定折射率的原理及阿贝折射仪的基本构造。

(3)掌握折射仪的使用方法和利用折光率测溶液浓度的方法。

二、实验原理

折射率是透明材料的重要物理常数之一,在一定条件下,纯物质具有固定的折射率。它常作为透明物质纯度的标准,用来判断物质纯度、鉴定未知化合物,也用于确定液体混合物的组成。测定值越接近文献值,表明样品的纯度越高。

光从真空射入介质发生折射时,入射角 α 的正弦值与折射角 β 正弦值的比值($\sin\alpha/\sin\beta$)为一固定数值,叫作该介质的绝对折射率,简称折射率,用符号 n 来表示。即

$$n=\frac{\sin\alpha}{\sin\beta}$$

式中:α 是光从真空射入介质发生折射时的入射角;β 为折射角。

折射率还可以用公式 $n=c/v$ 计算,c 指的是光在真空中的速度,v 指的是光在该介质中的速度。折射率 n 永远大于 1,α 永远大于 β。

折光率大小主要受物质结构影响,也会受到外界的温度、光线的波长以及大气压的影响,其中大气压影响不显著,因此在标注物质的折射率时需要标明测量的温度和光线的波长。

阿贝折射仪带有阿米西棱镜组,通过调节消色散手轮,转动棱镜组实现消色补偿,得到清楚分明的分界线时,所测得的折光率与应用钠光灯的黄光(波长为 589.3 nm)D 线所测折光率一致,因此物质折光率通常表示为 n_D^t 。例如,用于校正折射仪的蒸馏水在 20 ℃的折光率表示为

$$n_D^{20}(H_2O)=1.33299$$

在一定温度下,对一定浓度的某种溶液来说,其折射率是一定的。不同浓度的溶液具有不同的折射率,即浓度与折射率具有一定的关系。阿贝折射仪就是专门用于测量透明或半透明液体的折射率的仪器。本实验将测量酒精的浓度与其折射率的关系,并通过浓度—折射率曲线和待测乙醇溶液的折射率值,求得待测乙醇溶液的浓度。

三、实验用品

阿贝折射仪、胶头滴管、小滴瓶、容量瓶、移液管、擦镜纸等。

蒸馏水、无水乙醇、丙酮、未知浓度乙醇等。

四、实验内容

1. 折射仪的使用方法

1）折射仪的主要部件和工作原理

折射仪有单目折射仪、双目折射仪和全自动折射仪等，实验室中常用前两种折射仪。单目折射仪和双目折射仪的基本部件相似，现以实验室应用广泛的单目折射仪为例进行说明。

图 4-10 所示的是单目折射仪主要部件示意图，测量时，合上进光棱镜面和折射棱镜面，在两个镜面间形成薄薄一层长方体装样室，用于装待测液。打开光棱镜模块下方的遮光板，光线从进光棱镜时在其磨砂面上产生漫反射，使得光线以不同角度入射进入待测液中，再经过折射棱镜产生一束折射光线，通过调整折射率刻度调节手轮调整反射镜将光束射入消色散棱镜组，通过旋转消除色散旋钮，使分界线明暗分明，如图 4-11 所示。再由望远镜将此明暗交界线成像于分划板上，分划板上有十字划分线，通过目镜能观测到如图 4-11 所示的图。

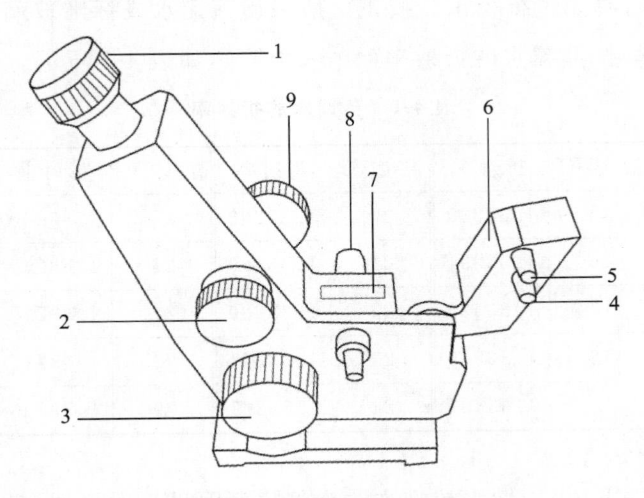

图 4-10　单目折射仪仪器结构

1—目镜；2—消除色散旋钮；3—棱镜转动旋钮；4，5—恒温水进出水口；

6—进光棱镜面；7—折射棱镜面；8—温度计接口；9—棱镜锁紧旋钮

出现明暗交界线的图，即测量原理图，如图 4-12 所示。由于折射角小于入射角，不同角度的入射光线都存在，最大入射角（临界入射角）接近 90°，折射率确定时对应最大折射角是定值，其角度是远小于 90°的。在最大折射角内是有折射光线的，称为亮区，而已临界折射光为界限，超出临界折射角以外是没有光线的，因此出现暗区。

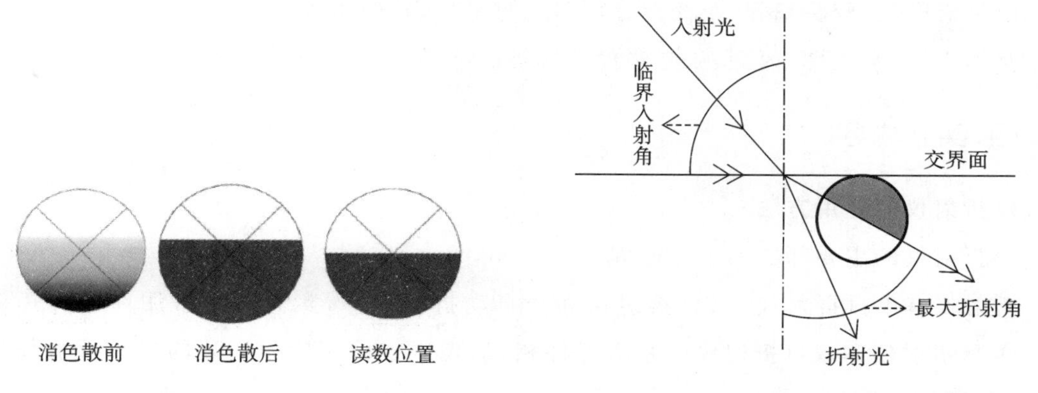

图 4-11 目镜视野图

图 4-12 折射仪测量原理图

当调节折射率刻度调节手轮使明暗交界线与十字划分线交点相交时，刻度线对应的刻度即为待测液的折射率。

2)阿贝折射仪的使用方法

将折射仪置于光线较好或靠窗的实验台面，但要避免使仪器置于直照强烈的日光中，以避免液体试样迅速蒸发。用橡皮管将测量棱镜和辅助棱镜上的进水口与超级恒温槽串联起来，在温度计接口连接上温度计。

仪器在使用前，要先进行校正。校正一般采用蒸馏水或标准玻璃块进行校正(标准玻璃块标有折射率)。蒸馏水的折射率(10～34 ℃)，如表 4-1 所示。

表 4-1 蒸馏水的折射率

温度/℃	折射率	温度/℃	折射率	温度/℃	折射率	温度/℃	折射率	温度/℃	折射率
10	1.33369	15	1.33339	20	1.33299	25	1.33250	30	1.33194
11	1.33364	16	1.33331	21	1.33290	26	1.33240	31	1.33182
12	1.33358	17	1.33324	22	1.33280	27	1.33229	32	1.33170
13	1.33352	18	1.33316	23	1.33271	28	1.33217	33	1.33157
14	1.33346	19	1.33307	24	1.33261	29	1.33206	34	1.33144

在 20 ℃的条件下，用蒸馏水校准方法为例说明阿贝折射仪的使用方法。

(1)清洁和干燥镜面。

打开棱镜锁紧旋钮，开启进光棱镜面，然后用滴定管小心滴加 2～3 滴无水乙醇或丙酮分别清洗两个镜面，分别用擦镜纸顺着某一方向擦干净。待镜面干燥后，用胶头滴管小心滴加 2～3 滴蒸馏水于折射棱镜表面上，闭合进光棱镜，旋紧锁钮。

（2）加样。

打开棱镜锁紧旋钮，开启进光棱镜面，然后用脱脂棉和无水乙醇或丙酮分别清洗两个镜面，分别用擦镜纸顺着某一方向擦干净。待镜面干燥后，用胶头滴管小心滴加 2～3 滴蒸馏水于折射棱镜表面上，要求液层均匀、充满视场、无气泡，闭合进光棱镜，旋紧锁钮（若是测试时的试样属于易挥发成分，则可先将两棱镜接近闭合时，从加液小槽中加入试样，然后再锁紧旋钮）。

（3）对光。

打开遮光板（位于光棱棱镜前方）、调节反射镜，使入射光进入棱镜组，转动棱镜转动旋钮，使刻度盘标尺上的示值为最小，同时从测量目镜中观察，使视场最亮，调节目镜焦距，使视场准丝最清晰。

（4）粗调。

转动棱镜转动旋钮，使刻度盘标尺上的示值在 20 ℃水的折射率 1.33299 位置，可观察到视场中出现彩色光带或有明暗临界线。测量待测液时，转动棱镜转动旋钮，找到彩色光带或有明暗临界线的界面。

（5）消色散。

转动消除色散旋钮，使视场内呈现出一条清晰的明暗临界线，调节过程中在目镜看到的图像颜色变化，如图 4-11 所示。

（6）精调。

如果临界线恰好处于十字划分线交点上，如图 4-13 所示，说明仪器准确，不需要进一步校正；反之，如果差距不大则微调棱镜转动旋钮，使临界线恰好处于十字划分线交点上（若此时又呈微色散，必须重新微调消除色散旋钮，使临界线明暗清晰），读出此时对应的测试值。

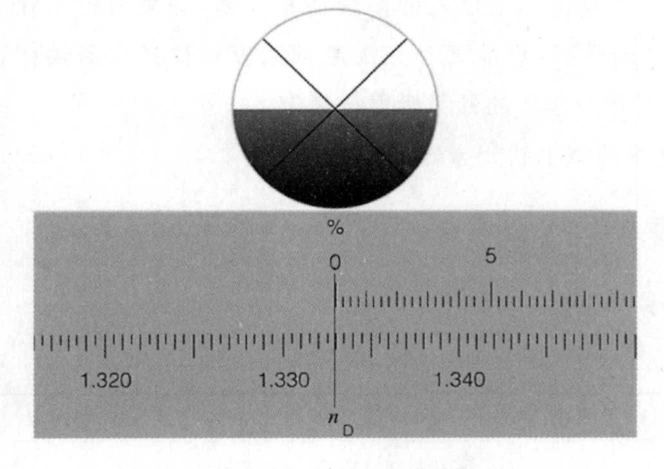

图 4-13　20 ℃蒸馏水校正仪器视场图示

(7)读数。

从读数望远镜中读出标尺上对应的折光率值,如图 4-13 所示。

折射仪的刻度有上下(或左右)两排,一排数值为 1.3000～1.7000,为折射率 n_D 的刻度示值,一排数值为 0～95%,为蔗糖溶液质量分数(锤度(Brix))的刻度示值。

由于眼睛在判断临界线是否处于准丝点交点上时,容易产生疲劳,为减少人为偶然误差,应转动棱镜转动旋钮,重复测定 3 次,3 次读数相差要小于 0.0002,然后取 3 次测量值的平均值。试样的成分对折光率的影响是非常的灵敏,在测试折光率时,1 个试样应重复取 3 次,测定这 3 个样品的数据,再取其平均值。

测量试剂折光率的方法同校正方法中的清洁和干燥镜面、加样、粗调、消色散、精调和读数步骤,不同的是校正后不能再调节校准螺丝。另外,注意每次加样前都需要清洁和干燥测试镜面。

2. 乙醇溶液浓度的测定

1)系列浓度溶液的配制

准备 6 个 50.0 mL 的容量瓶,编号 1#～6#,分别用移液管准确移取 5.00 mL、10.00 mL、15.00 mL、20.00 mL、25.00 mL、30.00 mL 的无水乙醇转移到上述容量瓶中,加蒸馏水至刻度线定容、摇匀。

2)折光率的测量

按照操作要求,清洁和干燥镜面,用蒸馏水校准仪器,记录数据 $n_D^t(H_2O)$ 和温度,计算校正值 $n_{校}$。

按照操作要求,依次测量 1#～6# 容量瓶中系列浓度乙醇溶液的折光率,记录和处理数据,由校正后的数据绘制浓度—折光率曲线。

按照操作要求,测量未知浓度乙醇溶液的折光率,如果数值不在 1#～6# 样数据范围内,低于 1# 样的数据,则需要补充配制低浓度标样并重新绘图;高于 6# 样的数据,则可对试样进行相应倍数的稀释后再行测量。

在浓度—折光率曲线上找到未知液对应的浓度。

五、实验结果

(1)校正值计算如下。

实验温度:t=＿＿＿＿＿℃;$n_{D,水(理论)}^t$ =＿＿＿＿＿。

蒸馏水	1	2	3	$n_{平均}$	$n_{校正}$
折射率					

(2)浓度测量数据处理。

项目	试样						
	乙醇溶液/%						待测乙醇溶液
	10	20	30	40	50	60	
n_1							
n_2							
n_3							
$n_{平均}$							
$n_{校正}$							

(3)浓度—折光率曲线图。

(4)待测乙醇浓度：____________。

六、注意事项

(1)阿贝折射仪的棱镜质地较软，用滴管滴加待测液时，切勿让胶头滴管的尖端碰到棱镜面上，以免将阿贝折射仪的棱镜划伤。并合棱镜时，应防止待测液层中存有气泡。

(2)清洗进光棱镜和折光棱镜，以及擦拭镜面时，只能用擦镜纸轻轻擦拭，并且只能沿着一个方向擦拭，切勿用滤纸，擦拭完毕后，也要用乙醇、丙酮或乙醚清洗镜面，等干燥后才能关闭棱镜。

(3)实验前，首先要用蒸馏水或标准玻璃块来校正阿贝折射仪的读数。如果校正发现测量结果和校正值差距较大，需要用仪器配备的小螺丝刀微调目镜下方、仪器背面的校准螺丝，带动物镜偏摆，使分界线位移至十字线中心，如图 4-13 所示。矫正完毕后，测量过程中不可再调节校正螺丝。

(4)使用阿贝折射仪测定固体折射率时，接触液溴代萘的用量须适当，不能涂得太多，过多会导致待测玻璃或固体容易滑下或损坏。

(5)阿贝折射仪不能测试具有酸性、碱性或腐蚀性液体的折射率。

(6)实验后，用清洁液(如乙醚、无水乙醇或丙酮等易挥发的液体)擦洗棱镜，晾干后整理好仪器，放置在干燥、通风的位置。

(7)用 Excel 绘制浓度—折光率曲线，求未知样浓度的方法：打开 Excel，输入系列 X、Y 数据(本实验中 1#～6#乙醇溶液的浓度 C 为横坐标 X，相应的折光率 n_D 为纵坐标 Y)→选定数据→插入→散点图→选第一个图→显示浓度-折光率曲线→右击标准曲线中“点”处→选定添加趋势线→选定“显示公式”和“显示 R 的平方值”→即出现回归

方程和 R 的平方值（R 的平方值大于 0.99 接近 1，则表明拟合程度高，趋势线的可靠性高）。未知液浓度可直接在图中对应查找，也可通过回归方程计算。

七、思考题

（1）测定有机化合物折射率的意义是什么？

（2）影响折射率的因素有哪些？

实验二十六 旋光度的测定

一、实验目的

(1)了解旋光仪的构造和旋光度的测定原理。

(2)掌握旋光仪的使用方法和比旋光度的计算方法。

二、实验原理

只在一个平面上振动的光叫作平面偏振光,简称偏振光。

物质能使偏振光的振动平面旋转的性质,称为旋光性或光学活性。具有旋光性的物质,叫作旋光性物质或光学活性物质。使偏振光平面顺时针方向旋转的旋光性物质叫作右旋体,逆时针方向旋转的旋光性物质叫作左旋体。

旋光性物质使偏振光的振动平面旋转的角度叫作旋光度。旋光方向表示方法:右旋用符号“+”或 d 表示;左旋用符号“-”或 l 表示。

影响旋光度大小的因素主要取决于分子结构,测量温度 t、入射光波长 λ、溶剂的性质、溶液的浓度、液层的厚度等也对旋光度的大小有影响。通常引入比旋光度 $[\alpha]_D^t$ 来作为旋光性物质的物理常量,其表示方法和计算方法为

$$[\alpha]_D^t = \frac{\alpha}{\rho \times l}$$

式中:$[\alpha]_D^t$ 为比旋光度;t 为测定时的温度;D 表示钠光灯黄光 D 线(波长为 589.3 nm);α 为测得的旋光度;ρ 为溶液的质量浓度(纯液体 ρ 则为密度),以 g/mL 为单位;l 为样品管的长度,以 dm 为单位。

通过测定物质的比旋光度,可以定性鉴定旋光性物质及旋光方向,还可以鉴定旋光性物质纯度和分析旋光性物质溶液的浓度。

测定旋光度的仪器称为旋光仪,实验室常用的有圆盘旋光仪和自动旋光仪。

旋光仪的构造和工作原理:常用的旋光仪主要由光源、起偏镜、样品管(也叫旋光管)和检偏镜几部分组成。光源为炽热的钠光灯,其发出波长为 589.3 nm 的单色黄光(钠光)。起偏镜是由两块光学透明的方解石黏合而成的,也叫尼科尔(Nicol)棱镜,其作用是使自然光通过后产生所需要的平面偏振光。样品管充装待测定的旋光性液体或溶液,其长度有 1 dm 和 2 dm 等。当偏振光通过盛有旋光性物质的样品管后,因物质的旋光性使偏振光不能通过第二个 Nicol 棱镜(检偏镜),必须将检偏镜扭转一定角度后才能通过,因此要调节检偏镜进行配光。由装在检偏镜上的标尺盘移动的角度,可指示出

检偏镜转动的角度，该角度即为待测物质的旋光度。

圆盘旋光仪的构造和工作原理示意图，如图 4-14 所示。

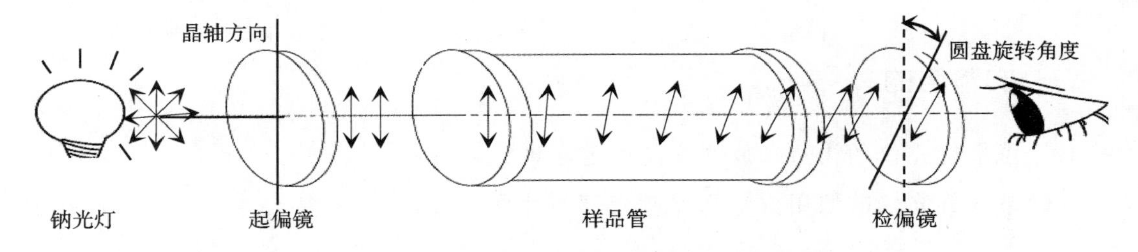

图 4-14　圆盘旋光仪的构造和工作原理示意图

本实验通过测量已知浓度溶液的旋光度，结合测量条件计算出比旋光度，再结合测量的未知浓度溶液的旋光度，计算出对应的溶液浓度。

三、实验用品

圆盘旋光仪、洗瓶、胶头滴管等。

蒸馏水、50 g/L 葡萄糖溶液、浓度未知的葡萄糖溶液等。

四、实验内容

WXG-4 目视圆盘旋光仪如图 4-15 所示，测旋光度的操作步骤如下。

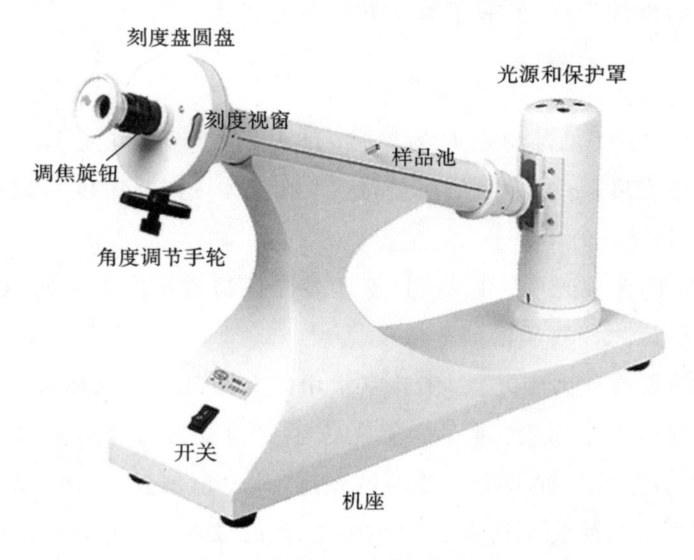

图 4-15　WXG-4 目视圆盘旋光仪

(1)开机。

将仪器电源接入 220 V 交流电源，打开电源开关，这时钠光灯应启亮，需经 5～10 min 钠光灯预热，使之发光稳定。

(2)装液。

将样品管清洗干净后,用少量蒸馏水(或其他空白溶剂)润洗 2～3 次,向样品管中加入蒸馏水至管口液面呈凸面。将护片玻璃沿管口边缘迅速平推盖好,以免管内留存有气泡,装上橡皮垫圈,再适当拧紧(如果拧太紧会使玻片产生应力,影响测量的准确度)螺帽至测量管不漏水,将样品管外壁擦干。所测样品有一定黏度时,易引入气泡,若观察到盛液管内有气泡(气泡不能太大),应将气泡赶至管凸颈处,才能不影响观测光路。

将装有蒸馏水或其他空白溶剂的样品管放入样品室,盖上箱盖。样品管中若有气泡,应先让气泡浮在凸颈处。通光面两端的雾状水滴,应用软布揩干。

(3)视场调焦。

转动角度调节手轮至刻度盘 0 刻度,从目镜处观测视场,出现如图 4-16 所示的任意一个二分视场时,调节目镜和刻度圆盘间的调焦旋钮至视场清晰。

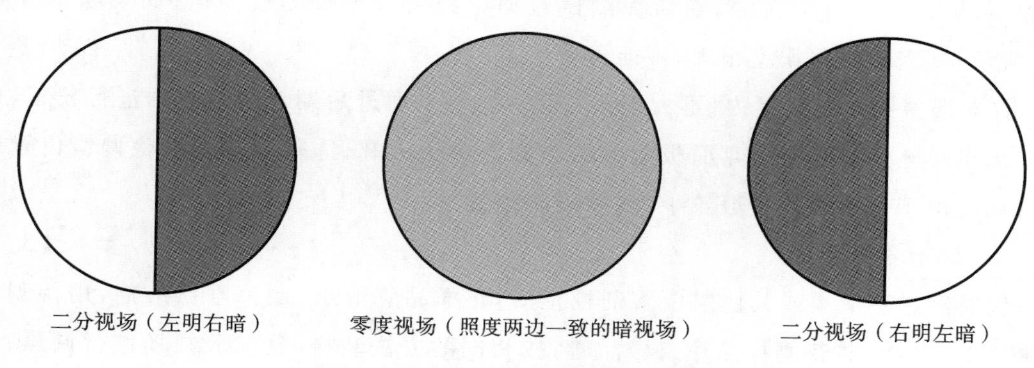

图 4-16　二分视场和零度视场示意图

(4)零度视场和读数。

微调角度调节手轮,从目镜处观测到在从左明右暗向右明左暗二分视场调节的过程中,出现唯一照度两边一致的暗视场——零度视场,如图 4-16 所示。处于零度视场时,检偏镜的晶轴方向转动到与光线的振动方向严格平行的角度,稍微左旋或者右旋,晶轴方向将不再与光线振动方向平行,视场中的二分界面的照度将不一致,出现明暗交界线。

零度视场是唯一的,但是照度一致的视场不是唯一的,在晶轴方向远离光线振动方向的一个大范围角度内,会出现照度一致的亮视场。

找到零度视场即可读出刻度盘对应的旋转的角度,即旋光度 α。读数时,整数部分读内盘(固定不动的游标参照系)0 刻度所对外盘(和检偏镜一起转动)的刻度,小数部分读内盘中与外盘刻度对得最齐的刻度线刻度。内盘的 10 对应 1°,最小刻度是0.05°。同一个样品需要重复找零度视场和读数 2～3 次,减小视觉疲劳和对明暗程度不敏感引起的误差。

读数视窗图，如图 4-17 所示。

+0.50°
(a)

−8.60°（171.40°−180°）
(b)

图 4-17　读数视窗图

如果装样为蒸馏水，则因为水没有旋光性，在零度视场时的读数应该是 0.00°（小数点后两个零表示数据精度），如果如图 4-17(a)所示，则表明仪器有一定的误差，但是误差较小，可以读出这个误差，在后面测试数据中减去这个仪器误差值；如果如图 4-17(b)所示，则表明仪器误差很大，不能再使用了。

仪器误差在一定范围内（不大于±0.5°）时，可以通过后期对测量数据进行校正，也可以用小螺丝刀旋开刻度盘面板上的四个固定罩子的螺钉，打开罩子对检偏镜位置进行微调。由于仪器误差一般较小，故采用前者居多。

(5)旋光度测定。

仪器经过蒸馏水或其他空白溶剂校正后，将样品管取出，倒掉空白溶剂，用待测溶液冲洗 2～3 次，将待测样品注入样品管，按相同的方法装样、找二分视场进行调焦、找零度视场和读数。

测已知浓度葡萄糖溶液的旋光度，平行 3 次，计算比旋光度。

测未知浓度葡萄糖溶液的旋光度，平行 3 次，计算浓度。

(6)后处理。

仪器使用完毕后，关闭电源开关，洗净样品管，再用蒸馏水洗净，擦干存放。注意擦干外壁，以防止金属部件被腐蚀。同时也要注意镜片应用软绒布揩擦，勿用手触摸。

五、实验结果

项目	次数		
	1	2	3
$\alpha_{蒸馏水}$			
$\bar{\alpha}_{蒸馏水}$			
$\alpha_{1(已知浓度葡萄糖溶液)}$			

续表

项目	次数		
	1	2	3
$\bar{a}_1$			
$a_{1校正}$			
$[\alpha]_D^t$			
$a_{2(未知浓度葡萄糖溶液)}$			
$\bar{a}_2$			
$a_{2校正}$			
ρ			

备注：$a_{校正}=\bar{a}-\bar{a}_{蒸馏水}$。

六、注意事项

(1)本实验所用葡萄糖具有变旋光现象，需由实验老师提前配制。

(2)样品管应轻拿轻放，注意不要打碎，所有镜片包括样品管两头的护片玻璃都不能用手直接擦拭，应用柔软的绒布或镜头纸进行擦拭，以免影响测试结果。

(3)只能在同一方向转动刻度盘手轮找零度视场，而不能来回转动刻度盘手轮，以免产生回程误差。

七、思考题

(1)简述用旋光仪测旋光度的操作步骤有哪些。

(2)测定溶液旋光度的意义有哪些？

(3)影响旋光度的因素有哪些？

实验二十七　醛和酮性质的鉴定

一、实验目的

(1)熟悉醛和酮的化学性质及差异。

(2)掌握醛和酮的化学鉴定方法。

二、实验原理

醛和酮有共同的官能团——羰基,都能发生羰基上的亲核加成反应:醛、脂肪族甲基酮,以及八个碳以下的环酮与饱和亚硫酸氢钠可生成白色固体;醛和酮与2,4-二硝基苯肼、羟胺、苯肼等氨的衍生物(也称羰基试剂)反应生成有颜色的固体,而生成的产物经适当处理又可得到醛和酮。因此,这类反应可用来分离、提纯和区别醛与酮。醛的羰基上接有H原子,醛类可以与弱氧化剂(如吐伦(Tollen)试剂)反应生成银镜,而酮不能;甲基酮、甲基伯醇和甲基仲醇可以发生碘仿反应生成淡黄色碘仿沉淀,醛类除乙醛外全都不能发生碘仿反应。醛类由于醛基所接的基团不同,性质也有差异,芳香族的醛不能被菲林试剂氧化,脂肪醛可以与菲林试剂反应生成氧化亚铜的砖红色沉淀。这些有明显现象的化学反应可以用于醛和酮性质的鉴定。

三、实验用品

试管、试管夹、试管架、移液管、烧杯、水浴锅、洗耳球、胶头滴管、小滴瓶等。

2,4-二硝基苯肼溶液、乙醛、丙酮、苯甲醛、饱和 $NaHSO_3$ 溶液、5% $AgNO_3$ 溶液、2% $NH_3 \cdot H_2O$ 溶液、菲林试剂、3% NaOH 溶液、I_2-KI 溶液、5%甲醛溶液、苯甲醛乙醇溶液、5%乙醛溶液、5%丙酮溶液、无水乙醇、异丙醇、浓 HNO_3 等。

四、实验内容

1. 与2,4-二硝基苯肼反应

取3支洁净的试管,向试管中各加入1 mL 2,4-二硝基苯肼溶液,然后再分别加入2滴5%乙醛溶液、5%丙酮溶液、苯甲醛乙醇溶液,振荡片刻后静置。观察试管中溶液变化,若无晶体析出,可将试管在水浴锅中微热半分钟,再振荡并静置、冷却,观察是否有黄色或橙红色晶体析出,写出相关的化学反应方程式。

2. 与饱和亚硫酸氢钠反应

取3支洁净的试管,向试管中各加入1 mL饱和亚硫酸氢钠溶液(新配制的),再分别滴加 10 滴 40％的乙醛溶液、丙酮、苯甲醛乙醇溶液，边滴加边振荡试管，然后静置于冷水浴中，观察试管中的现象。若无沉淀析出，可用玻璃棒摩擦试管壁或滴加 5～10 滴无水乙醇静置片刻，观察是否有沉淀析出，比较沉淀析出快慢，并写出相关的化学反应方程式。

3. 与吐伦试剂反应(银镜反应)

取 1 支洁净的试管，向试管中加入 4 mL 5％ $AgNO_3$溶液和 1 滴 5％ NaOH 溶液，然后再向试管内滴加 2％氨水溶液，边滴边振摇试管，直至试管内最初产生的棕褐色沉淀刚好全部溶解(溶液澄清透明)，即制得吐伦试剂。将制得的吐伦试剂分装于 4 支洁净的试管中，然后分别滴加 5 滴 40％乙醛溶液、苯甲醛乙醇溶液、5％丙酮溶液、乙醇溶液，充分摇匀后将试管静置于 60～70 ℃水浴中加热 5～10 min，观察有无银镜现象产生，并写出相关的化学反应方程式。实验完毕后，向试管中滴加几滴硝酸，以溶解金属单质银。

4. 与菲林试剂反应

取 3 支洁净的试管，向试管中分别加入 1 mL 蓝色澄清的菲林试剂，振荡摇匀后，再分别向试管中滴加 10 滴 40％乙醛溶液、苯甲醛乙醇溶液、5％丙酮溶液，继续振荡 1 min，然后将试管置于 60～70 ℃水浴中加热，认真观察每个试管中溶液颜色的变化，是否有沉淀产生，沉淀是什么颜色，并解释原因(写出相关的化学反应方程式)。

5. 碘仿反应

取 4 支洁净的试管，向试管中分别加入 5 滴 95％乙醇、异丙醇、40％乙醛溶液、5％丙酮溶液，再各加入 10 滴 I_2-KI 溶液，然后分别滴加 5％NaOH 溶液，边滴边振摇试管，直至碘的红棕色刚刚褪去，反应溶液呈浅黄色；继续振摇试管，溶液的浅黄色又逐渐消失，管底析出淡黄色沉淀。若无沉淀生成或呈现白色乳浊液，可将试管放置于50～60 ℃水浴中加热 2 min，取出后冷却，继续观察现象，并写出相应的化学反应方程式。

五、实验结果

相关实验现象和对应的反应方程式：

六、注意事项

(1)2，4-二硝基苯肼溶液的配制。

方法一。称取 2，4-二硝基苯肼 3 g，溶解于 15 mL 浓硫酸中，另向 70 mL 95％乙醇加入 20 mL 蒸馏水，然后将硫酸苯肼加入稀乙醇溶液中，边加边搅拌，形成橙红色溶液(若有沉淀需过滤)。

方法二。称取 2,4-二硝基苯肼 1.2 g，溶于 50 mL 30%高氯酸中，摇匀后贮存于棕色试剂瓶中，以防变质。

方法一配制的 2,4-二硝基苯肼试剂浓度大，反应时沉淀更易于观察；方法二配制的 2,4-二硝基苯肼试剂在水中溶解度大，方便检验水中醛，并且化学性质较稳定，因此长期贮存不易变质。

(2)菲林试剂有菲林 A 和菲林 B 两种溶液，使用时将两者等体积混合即可。菲林 A：将 3.5 g 五水合硫酸铜溶于 100 mL 蒸馏水中，即得淡蓝色的菲林 A 试剂(若有晶体析出则过滤取上层清液)。菲林 B：将 17 g 四水合酒石酸钠钾溶于 20 mL 热蒸馏水中，再加入 20 mL 20%氢氧化钠溶液，稀释至 100 mL，即得无色透明的菲林 B 试剂。菲林 A 和菲林 B 混合后形成深蓝色的络合物溶液，且现配现用。

(3)增加苯甲醛与水性溶液的互溶性。

(4)银镜反应加热时间不能太长，否则会产生氮化银(Ag_3N)从而引起爆炸。

(5)I_2-KI 溶液的配制：称取 1 g 碘化钾固体溶解于 100 mL 蒸馏水中，并向溶液中加入 0.5 g 碘单质，加热溶解，即得红色透明溶液。

七、思考题

(1)卤仿反应为什么不用氯和溴而用碘？

(2)要想得到较好的银镜，应注意哪些问题？

(3)配制碘试剂时为什么要加碘化钾？

(4)如果在配制菲林试剂时，发现四水合酒石酸钠钾试剂缺少，能否用新生成的氢氧化铜代替菲林试剂进行脂肪醛和芳香醛的鉴别？

实验二十八　糖类化合物的性质及鉴定

一、实验目的

(1)熟悉糖类物质的主要化学性质。

(2)掌握鉴别糖类化合物的主要方法和原理。

二、实验原理

糖类化合物在结构上指多羟基醛或多羟基酮,或者是能水解成多羟基醛、多羟基酮的化合物。糖按能否水解及水解产物来分类,通常分为单糖、双糖、低聚糖和多糖。单糖一般都具有还原性,还原糖分子中含有一个半缩醛(酮)结构,有还原性,能产生变旋光现象,能还原吐伦试剂、菲林试剂或班氏试剂。在医学中,糖尿病常用班氏试剂检测,通过尿与班氏试剂共热形成的颜色,判断尿中糖的含量,其颜色为绿色、黄色、红色分别用+、++、+++表示。双糖也可以分为还原糖和非还原糖,还原双糖也能使吐伦试剂、菲林试剂还原。还原糖还能与过量的苯肼反应生成脎,实验室可根据生成糖脎的晶型、熔点及反应速度的快慢来鉴别各类糖。非还原性糖分子中不含有半缩醛(酮)结构,不具有还原性。

检验糖类化合物常用莫立许(Molish)反应,莫立许试剂是 α-萘酚与乙醇的混合物。糖在浓无机酸(硫酸、盐酸)作用下,脱水生成糠醛及糠醛衍生物,后者能与 α-萘酚(莫立许试剂)生成紫红色物质。

用间苯二酚可以区别果糖(酮糖)和葡萄糖(醛糖)。

多糖是由成千上万个单糖以糖苷键连接形成的高聚物。淀粉是 α-D-葡萄糖以 α-1,4-糖苷键连接形成的链状高聚物;纤维素是 β-D-葡萄糖以 β-1,4-糖苷键连接形成的链状高聚物。它们都没有还原性,但其水解后的产物具有还原性。淀粉遇碘显蓝色,可作为鉴别淀粉的一种方法。

三、实验用品

试管、试管夹、试管架、移液管、烧杯、水浴锅、洗耳球、胶头滴管、小滴瓶等。

5%葡萄糖溶液、5%蔗糖溶液、5%果糖溶液、1%淀粉溶液、10% NaOH 溶液、2% $CuSO_4$溶液、5% $AgNO_3$溶液、2% $NH_3 \cdot H_2O$、浓硫酸、浓盐酸、0.1%碘溶液等。

四、实验内容

1. 糖的还原性

1)与吐伦试剂反应

取一支洁净的大试管,加入 4 mL 5%$AgNO_3$溶液和 3 滴 10%NaOH 溶液,试管中立即出现褐色沉淀,振摇试管,再慢慢地逐滴向试管内滴加 2%氨水,边滴边摇,直至褐色沉淀刚好完全消失为止,即得吐伦试剂。

取 4 支洁净的试管,将上述制得的吐伦试剂均匀分置于 4 支试管中,然后向试管中分别加入 10 滴 5%葡萄糖溶液、5%蔗糖溶液、5%果糖溶液、1%淀粉溶液,将各试管摇匀后,在室温下将试管静置 8 min,如无银镜现象产生,可将试管放于 60 ℃左右的水浴锅中加热 5 min 左右,再观察有无银镜现象产生,并解释原因。

2)与菲林试剂反应

取 4 支洁净的试管,向试管中分别加入菲林 A 试剂和菲林 B 试剂各 0.5 mL,摇匀,然后分别滴加 10 滴 5%葡萄糖溶液、5%蔗糖溶液、5%果糖溶液、1%淀粉溶液,振荡摇匀后,将各试管于 80 ℃水浴中加热 3～5 min,取出后冷却,观察是否有沉淀产生和颜色变化,比较结果,并解释原因。

2. 糖的显色反应

1)莫立许反应

取 4 支洁净的试管,向试管中分别加入 1 mL 5%葡萄糖溶液、1 mL 5%蔗糖溶液、1 mL 5%果糖溶液、1 mL 1%淀粉溶液,再各加入 2 滴 10% α-萘酚乙醇溶液,振荡摇匀后,将试管倾斜 45°,沿试管壁小心加入 1 mL 浓硫酸(切勿摇动),然后慢慢竖直试管,硫酸与糖溶液会分成两层(硫酸在下层,糖溶液在上层),静置 10 min 左右,若两层界面处出现紫色环,则表示溶液含有糖类化合物。若无色环出现,可将试管于热水浴中加热 3～5 min(切勿摇动),再继续观察并记录各试管中所出现色环的颜色。

2)与谢里瓦诺夫(Seliwanoff)试剂反应

取 4 支洁净的试管,向试管中各加入 10 滴新配制的谢里瓦诺夫试剂,再分别滴加 1 mL 5%葡萄糖溶液、1 mL 5%果糖溶液、1 mL 5%蔗糖溶液、1 mL 1%淀粉溶液,摇匀后,再将 4 支试管放入沸水浴中加热 2 min。观察各试管中现象,并比较出现颜色的次序。

3. 淀粉与碘的作用

取 1 支洁净的试管,向试管中滴加 10 滴 1%淀粉溶液及 1 滴 0.1%碘溶液,观察溶液是否有蓝色出现,片刻后将试管放置于沸水浴中加热 5～10 min,观察有什么现象产生，然后从热水浴中取出试管，冷却，观察又有什么现象发生。

4. 蔗糖的水解

取2支洁净的试管，向一支试管中加入1 mL 5%蔗糖溶液和5滴10%硫酸溶液，另一支试管中滴加1 mL 5%蔗糖溶液和5滴蒸馏水，并分别振匀，将2支试管同时放入沸水中加热10 min，取出试管冷却至室温。向加有硫酸的试管中滴加10%氢氧化钠，边滴边摇，使溶液中和至中性。再分别向两支试管中各加入1 mL 菲林试剂A和菲林试剂B的混合液，摇匀，将2支试管同时置于沸水浴中加热2～3 min。观察每支试管中的颜色变化，并解释原因。

5. 淀粉的水解

取1支洁净的试管，向试管中加入5 mL 1%淀粉溶液及5滴浓盐酸，摇匀，将试管置于沸水浴中加热。每隔4 min从试管中取1滴淀粉水解溶液于点滴板上，加入1滴0.1%碘溶液做碘试验，观察颜色变化，直至不起碘反应为止。取出试管，冷却后，向试管中逐滴加入10%氢氧化钠溶液，中和溶液至弱碱性。取中和后的淀粉水解液1 mL于1支试管中，另取1 mL未水解的1%淀粉溶液于另一支试管。向2支试管中分别加入3滴菲林试剂，摇匀后，将2支试管同时放在沸水浴中加热3～5 min。观察现象，并解释原因。

五、实验结果

相关实验现象和对应反应方程式：

六、注意事项

(1)吐伦试剂久置后易析出氮化银(Ag_3N)黑色沉淀，氮化银震动时易分解，从而发生剧烈爆炸，有时潮湿的氮化银也能引起爆炸。因此，吐伦试剂必须现用现配。

(2)菲林试剂的配制方法详见附录D。

(3)α-萘酚反应是鉴别糖类化合物最常用的颜色反应。其中单糖、双糖和多糖一般都能发生此颜色反应，但氨基糖不发生此反应，除此之外，丙酮、甲酸、乳酸、草酸、葡萄糖醛酸、各种糠醛衍生物和甘油醛等均产生类似的颜色反应。发生此反应表明可能有糖存在，但仍需要做进一步实验才能确定；如不发生此反应则表明无糖类物质存在。

七、思考题

(1)糖类物质有哪些性质？

（2）糖分子中的羟基与醇羟基，糖分子中的羰基与醛、酮分子中的羰基有什么异同？

（3）还原糖在结构上有什么特征？

（4）葡萄糖和果糖的结构有何区别？两者在酸的作用下形成羟甲基糠醛的速度哪个较快？

（5）如何鉴别醛糖和酮糖？

实验二十九　乙酸乙酯的制备

一、实验目的

(1)了解酯化反应的特点和提高酯化反应产率的方法。

(2)掌握酯化反应原理以及由乙酸和乙醇制备乙酸乙酯的方法。

(3)进一步练习蒸馏、萃取和干燥等有机产物的纯化方法及操作。

二、实验原理

醇和羧酸在酸性催化剂的作用下,反应生成酯。酯化反应是典型的酸催化可逆反应,其反应速度慢、反应历程复杂。

乙酸乙酯的制备由乙酸和乙醇在浓硫酸的催化下,在 110～120 ℃时反应,反应的主要反应方程式如下:

$$CH_3COOH + C_2H_5OH \underset{\text{浓 } H_2SO_4}{\overset{110\sim120\ ℃}{\rightleftharpoons}} CH_3COOC_2H_5 + H_2O$$

反应物乙酸的沸点为 117.9 ℃、乙醇的沸点为 78.3 ℃,产物乙酸乙酯的沸点为 77 ℃,水的沸点为 100 ℃,水还可以和乙醇、乙酸乙酯形成共沸物。

实验过程中,必须控制好反应温度,如果温度过高,会产生大量的副产物,主要的反应方程式如下:

$$2C_2H_5OH \xrightarrow[\text{浓 } H_2SO_4]{140\ ℃} C_2H_5OC_2H_5 + H_2O$$

为了提高产率,常采用使其中一种原料过量或不断将生成物移出反应体系的方法,使平衡向生成酯的方向移动。本实验采用乙醇过量以及将生成的乙酸乙酯和水不断蒸出的方法,同时使用过量的硫酸,除作催化剂外还有吸水作用,有利于反应向生成酯的方向进行。

在反应中,蒸出的粗乙酸乙酯还含有乙醇、乙酸、水等杂质,需要结合产物和杂质的性质特点和差异,进一步纯化产物,去除上述杂质。

三、实验用品

三口烧瓶、温度计(150 ℃)、滴液漏斗、直形冷凝管、尾接管、锥形瓶、圆底烧瓶、量筒、电子天平、电热套、分液漏斗、pH 试纸、玻璃棒等。

无水乙醇、冰醋酸、浓 H_2SO_4、饱和碳酸钠溶液、饱和食盐水、饱和氯化钙溶液、无水硫酸镁等。

四、实验内容

1. 粗乙酸乙酯的制备

向 100 mL 的三口烧瓶中加入 12 mL 无水乙醇，将烧瓶中口和右侧口交接处放置在打开慢放水的水龙头下，分批缓慢地加入 5 mL 浓 H_2SO_4，同时通过流水冷却乙醇遇浓硫酸放出的大量热。冷却到 60 ℃左右，摇晃烧瓶，混匀醇酸后，擦干烧瓶，向混合液中加入几粒沸石。分别量取 12 mL 无水乙醇和 12 mL 冰醋酸加入滴液漏斗中，并固定在烧瓶中，烧瓶左侧口插入 150 ℃的温度计(温度计水银球与滴液漏斗下端都要插到液面以下)，烧瓶右侧口用弯管接装直形冷凝管。其装置如图 4-18 所示。

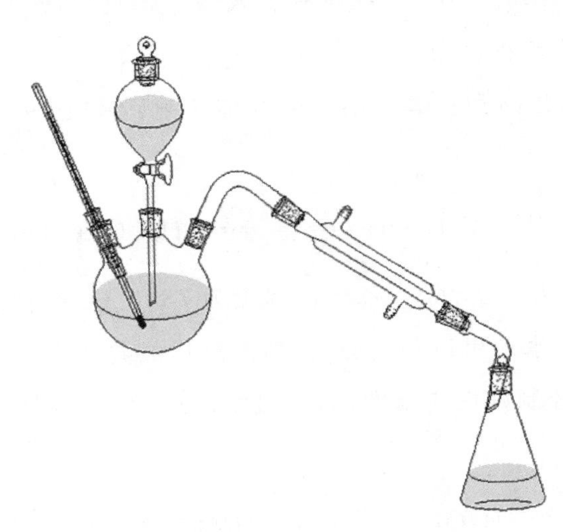

图 4-18　乙酸乙酯的制备装置图

仪器装好后，检查装置的连接和气密性，接通冷凝水后，大火加热三口烧瓶，当反应液温度达到 100 ℃时，调小加热速度；当温度达到 110 ℃时，从滴液漏斗中缓慢滴加混合液至反应瓶中，控制滴液速度，使其滴加速度与馏出速度大致相等，每秒 1～2 滴，并维持温度在 110～120 ℃之间。待反应液及球形滴液漏斗中滴加完毕后，继续反应几分钟，待馏分量减少后停止加热。锥形瓶中的液体即为制得的粗乙酸乙酯。

2. 乙酸乙酯的纯化

(1)除乙酸。

在粗乙酸乙酯中慢慢地加入约 10 mL 饱和 Na_2CO_3溶液，直到无二氧化碳气体逸出后，再多加 1～3 滴，使溶液不显酸性(可用 pH 试纸检测)。然后将混合液倒入分液漏斗中，充分振荡、静置、分层后，放出下层的水。

(2)除碳酸钠。

用约10 mL饱和食盐水洗涤酯层,充分振摇,静置分层后,分出水层。

(3)除乙醇。

再用约20 mL饱和$CaCl_2$溶液分2次洗涤酯层,静置后,分出水层。

(4)干燥。

将酯层由上口倒入一干燥的100 mL锥形瓶中,加入适量无水硫酸钠,塞上塞子,静置干燥30 min。再将酯层由漏斗上口倒入一个50 mL干燥的具塞锥形瓶中,并放入约2 g无水$MgSO_4$干燥,配上塞子,然后充分振摇至液体澄清后,静置干燥约30分钟。

(5)除乙醚。

将干燥过的粗乙酸乙酯用塞有少量脱脂棉的漏斗(防止倒入干燥剂)慢慢过滤倒入干燥的100 mL圆底烧瓶中,加入1～2粒沸石。搭建蒸馏装置,用事先称重过的干燥锥形瓶做接收瓶,收集73～78 ℃的馏分,称量,计算产率。

五、实验结果

(1)乙酸乙酯的性状描述:____________。

(2)相关计算。

乙酸的质量和物质的量计算:____________。

乙酸乙酯理论质量的计算:____________。

乙酸乙酯实际质量的计算和产率的计算:________________________________。

六、注意事项

(1)酯化反应是典型的酸催化可逆反应,常用的酸催化剂有浓硫酸、盐酸、磺酸、强酸性阳离子交换树脂等,使用时依据醇酸的理化性质进行选择,通常用量为反应物的5%左右。其中浓硫酸的用量为醇用量的3%就能起催化作用。当硫酸用量较大时,硫酸还具有脱水作用从而增加酯的产率,但高温时的氧化作用对其反应不利。

(2)酯化反应温度控制在110～120 ℃,有利于反应产物乙酸乙酯和水及时蒸出,有利于反应正向进行,提高反应产率;当温度低于110 ℃,则不利于水分的蒸出,反应速度也变慢;当温度高于120 ℃,反应物乙酸也容易被蒸出,不利于产率提高;当温度达到140 ℃,容易使乙醇的分子间脱水,产生副产物乙醚。

(3)酯化反应在馏出液中不仅含有乙酸和水,还含有少量的乙醇。用碳酸钠除去其中的乙酸,其现象明显,容易控制。

(4)用饱和氯化钙溶液洗涤前,必须先去除溶液中残余的少量碳酸钠,否则可能产生絮状的碳酸钙沉淀，使分离变得更困难；用饱和的食盐水，洗涤除去碳酸钠，还可以减小洗涤过程中产物酯在水相中的溶解度。

(5)无水 $MgSO_4$ 可以和酯层中残余的少量水和醇生成结晶水合物和结晶醇合物，除去酯层中残余的水和醇，避免在后面蒸馏的过程中形成共沸物造成产物酯的损失。

七、思考题

(1)酯化反应具有什么特点？如何提高酯化反应的产率？

(2)本实验中醇酸混合物的速度能否滴加快一点？

(3)本实验能否采用醋酸过量？为什么？

(4)蒸出的粗乙酸乙酯中主要含有哪些杂质？

(5)在中和粗产物中的酸时，为什么用饱和碳酸钠而不用浓的氢氧化钠？

实验三十　乙酰水杨酸的制备

一、实验目的

(1)掌握乙酰水杨酸的制备原理和方法。

(2)进一步掌握抽滤、洗涤等基本操作。

二、实验原理

乙酰水杨酸(又名阿司匹林)为白色针状或片状晶体,无气味,微带酸味,在干燥空气中稳定,在潮湿空气中逐渐水解成水杨酸和乙酸;遇沸水或溶于氢氧化碱溶液和碳酸碱溶液中全部分解;能溶解于温水之中,口服后在肠内开始分解为水杨酸,有退热止痛的作用,常用于治疗风湿病、关节炎和心血管类疾病。

羧酸酯一般是羧酸和醇在酸催化条件下酯化反应获得,酯化反应条件苛刻或者产率较低的时候,也可以通过酯交换反应制备,还可以通过醇或者酚与酰卤、酸酐等酰基化试剂反应制备。一般来说,酚发生酰基化反应不如醇的反应活性高,常用的酰基化试剂是乙酸酐、乙酰氯。

本实验中,乙酰水杨酸由水杨酸(邻羟基苯甲酸)与乙酸酐进行乙酰化反应制得,主要试剂和产品的物理常数如表 4-2 所示。

表 4-2　主要试剂和产品的物理常数

名称	相对分子量	m. p. 或 b. p. /℃	水溶性	醇溶性	醚溶性
水杨酸	138	158(m. p.)	微	易	易
醋酐	102.09	139.35(b. p.)	易	溶	∞
乙酰水杨酸	180.17	135(m. p.)	溶(热)	溶	微

反应方程式如下:

$$\text{C}_6\text{H}_4(\text{OH})\text{COOH} + (\text{CH}_3\text{CO})_2\text{O} \xrightarrow{\text{浓}H_2SO_4} \text{C}_6\text{H}_4(\text{OCOCH}_3)\text{COOH} + \text{CH}_3\text{COOH}$$

水杨酸可由水杨酸甲酯,即冬青油(由冬青树提取而得)水解制得,是一种具有双官能团的化合物,一个是酚羟基,另一个是羧基,羧基和羟基都可以发生酯化,而且还可以形成分子内氢键,阻碍酰化和酯化反应的发生。水杨酸与酸酐直接作用须加热至 150～160 ℃

才能生成乙酰水杨酸，如果加入浓硫酸（或磷酸），氢键被破坏，酰化作用可在较低温度下进行，同时副产物大大减少。其副反应（除杂的原理基础）反应方程式如下：

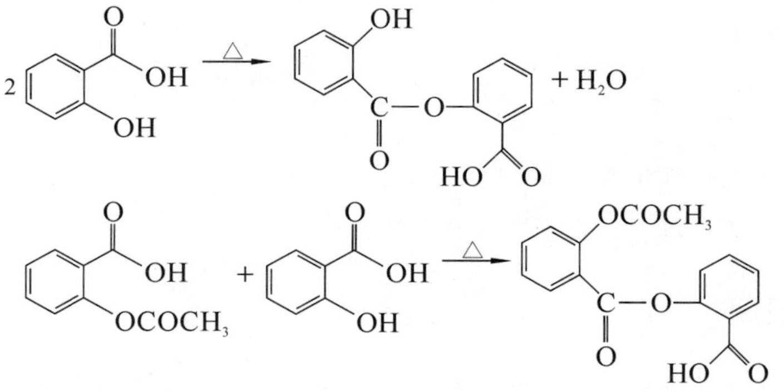

乙酰水杨酸能与碳酸氢钠溶液反应生成水溶性钠盐，而副产物不与碳酸氢钠反应，这种性质上的差别可用于阿司匹林的纯化。

水杨酸具有酚羟基，能与三氯化铁试剂呈现蓝紫色颜色反应，在制备水杨酸时不能使用铁器和含铁盐的水，此性质可用于阿司匹林的纯度检验。

三、实验用品

锥形瓶（150 mL，干燥）、量筒（10 mL 和 100 mL，干燥）、短颈漏斗、减压过滤装置、温度计（最大量程为 100 ℃和 150 ℃）、简单的蒸馏装置、500 mL 烧杯、铁架台、铁圈、试管等。

水杨酸、乙酸酐、浓硫酸（或 85%磷酸）、浓盐酸、饱和碳酸氢钠溶液、冰、1% 三氯化铁溶液、无水乙醇等。

四、实验内容

1. 制备乙酰水杨酸

依次将 3.2 g 水杨酸（0.045 mol）、5.4 g 乙酸酐（0.053 mol）加入干燥的锥形瓶中，滴入 5 滴浓硫酸，轻轻摇荡锥形瓶使其溶解，将锥形瓶置于 70～80 ℃水浴中加热约 20 min，移出锥形瓶，冷却至室温，即有乙酰水杨酸晶体析出，若不结晶，可用玻璃棒摩擦瓶壁并将锥形瓶置于冰水浴中，促使晶体析出。再向锥形瓶中加入 50 mL 水，使过量的乙酸酐水解成乙酸。继续在冰水浴中冷却，并用玻璃棒不停搅拌，使结晶完全。抽滤，用滤液反复淋洗锥形瓶，再用少量冰水洗涤 2 次，用玻璃塞压干，得到乙酰水杨酸粗产品。

2. 乙酰水杨酸的精制

(1)碱提(除去大分子杂质)。

将上述所得的乙酰水杨酸粗产品置于 150 mL 烧杯中,边搅拌边加入饱和碳酸氢钠溶液(约 20 mL),直到不再有二氧化碳气体产生为止。抽滤,用 5～10 mL 水洗涤,将洗涤液与滤液合并,弃去滤渣。

(2)酸沉。

先在烧杯中放入大约 5 mL 浓盐酸并加入 10 mL 水,配好盐酸溶液,再将上述滤液缓慢倒入烧杯中,乙酰水杨酸沉淀析出,用冰水冷却结晶完全,抽滤,用玻璃塞压干滤饼,再用少量冷水洗涤 2 次,压干,将晶体转移到表面皿上,置于 110 ℃烘箱中干燥,称重,最后计算产率。

3. 性质检测

取三支干净的试管编号 1#、2#、3#,分别加入约 5 mL 无水乙醇。取少量水杨酸和产品晶粒,分别加入 2#、3# 试管,摇振溶解后,三支试管中各自加入 1～2 滴 1%三氯化铁溶液,观察对比有无颜色(紫色)反应。如图 4-19(a)所示的是仅 2# 管呈现紫色表明产品纯度高,图4-19(b)所示的是 3# 管中也出现淡紫色表明原料水杨酸没有反应完,产品中还含有水杨酸。

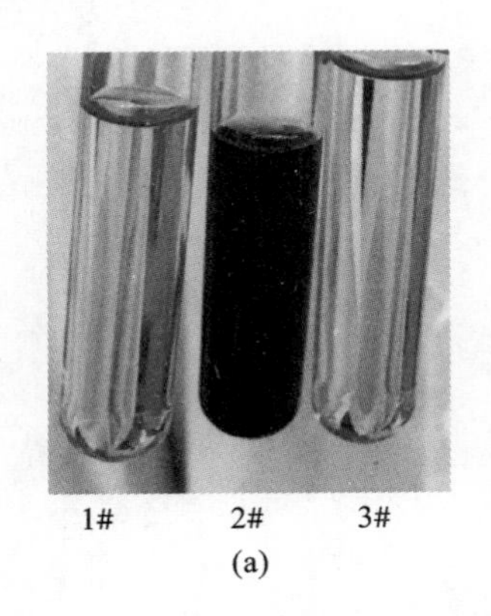

1#　2#　3#

(a)

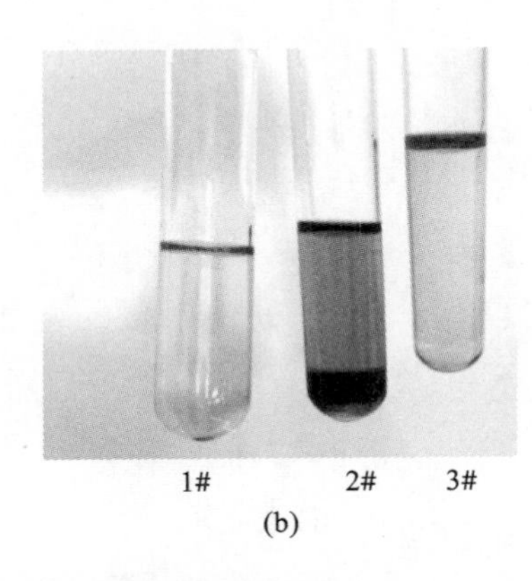

1#　2#　3#

(b)

图 4-19　三氯化铁溶液检测的实验结果

测熔点,乙酰水杨酸熔点为 136 ℃。产品(乙酰水杨酸)易受热分解,因此熔点不明显,它的分解温度为 128～135 ℃。测熔点时,宜先将溶液加热至 120 ℃左右,再放入样品管测定。

五、实验结果

产品性状:____________;熔点:____________。

原料称量数据记录:____________;产品质量:____________;产率计算:____________。

检测试验现象：____________。

六、注意事项

(1)水杨酸应当是完全干燥的，实验前放在烘箱中在 105 ℃下干燥 1 h。乙酸酐应重新蒸馏，收集 139～140 ℃的馏分。

(2)反应器应当干燥，否则乙酸酐加热容易水解。反应温度不宜过高，否则会增加副产物的生成，从而生成水杨酰水杨酸酯及乙酰水杨酰水杨酸酯等。

(3)对于含有水杨酸的产品，需要进一步重结晶。可将所得的乙酰水杨酸溶于少量沸乙醇中，再不断向乙醇溶液中加入热水，直到溶液中出现浑浊为止。重新将溶液加热至澄清透明，停止加热，静置使其慢慢冷却、结晶；也可在少量乙酸乙酯溶液中加热回流，再过滤，滤液在冰水浴中结晶，抽滤得到产品。

七、思考题

(1)反应时，锥形瓶为什么必须是干燥的？

(2)制备乙酰水杨酸时，为什么使用新蒸馏的乙酸酐？加入浓硫酸的目的是什么？

(3)乙酰水杨酸的精制中，最后弃去的滤渣是什么物质？

实验三十一　肥皂的制备

一、实验目的

(1)掌握肥皂和手工皂的制备原理和制备方法。

(2)了解肥皂的性质和鉴定方法。

(3)了解生活中化工产品的化学原理知识。

二、实验原理

肥皂是高级脂肪酸金属盐(钠盐、钾盐为主)类的总称。以各种天然的动植物油脂为原料,以碱皂化而制得肥皂,是目前仍在使用的生产肥皂的传统方法。

1. 原理

油脂在酸或碱的存在下,或在酶的作用下,易被水解成甘油与高级脂肪酸,不同的反应温度和处理方法将得到不同类型的肥皂和手工皂。则有

$$\begin{array}{l} CH_2-O-\overset{\overset{O}{\|}}{C}-R_1 \\ | \\ CH-O-\overset{\overset{O}{\|}}{C}-R_2 \\ | \\ CH_2-O-\overset{\overset{O}{\|}}{C}-R_3 \end{array} + 3NaOH \xrightarrow{\triangle} \begin{array}{l} CH_2-OH \\ | \\ CH-OH \\ | \\ CH_2-OH \end{array} + \begin{array}{l} R_1COONa \\ \\ R_2COONa \\ \\ R_3COONa \end{array}$$

不同种类的油脂,由于其组分有别,皂化时需要的碱量不同。碱的用量与各种油脂的皂化值(完全皂化1 g油脂所需的氢氧化钾的毫克数)和酸值有关。表4-3所示的是一些油脂的皂化值。

表4-3　常用制备肥皂油脂的皂化值

油脂种类	椰子油	橄榄油	棕榈油	蓖麻油	大豆油
皂化值	266	187	197	180	189

2. 原料性质

现将用于制肥皂的主要原料的性质和作用进行简介。

(1)油脂。

油脂是指植物油和动物脂肪,在制肥皂过程中,它提供长链脂肪酸。由于以C_{12}～C_{18}的脂肪酸所构成的肥皂洗涤效果最好,所以制肥皂的常用油脂是椰子油(C_{12}为主)、

棕榈油(C_{16}～C_{18}为主)、猪油或牛油(C_{16}～C_{18}为主)等。脂肪酸的不饱和度会对肥皂品质产生影响。不饱和度高的脂肪酸制成的皂,质软而难成块状,抗硬水性能也较差。所以通常要把部分油脂催化加氢使之为氢化油(或称为硬化油),然后与其他油脂搭配使用。

(2)碱。

主要使用碱金属氢氧化物。由碱金属氢氧化物制成的肥皂具有良好的水溶性。由碱金属氢氧化物制得肥皂一般称为金属皂,其难溶于水,主要用作涂料的催干剂和乳化剂,不作洗涤剂用。

(3)其他。

为了改善肥皂产品的外观和拓宽用途,可加入色素、香料、抑菌剂、消毒药物以及酒精、白糖等,以制成香皂、药皂或透明皂等产品。

3.肥皂的制作方法

(1)融化再制法(Melt&Pour,MP)。

在手工皂的制作方法里最简单的就是融化再制法,它是利用在购买的不同颜色的皂基经加热溶化后倒入模具,冷却后成为硬的肥皂后即可脱模。完成后为避免与空气接触建议立刻用保鲜膜或皂用 PE 膜仔细包裹。制备过程中主要是发生物理变化,制作简单。皂基皂的基本特点就是颜色鲜艳,透明皂基还可带透明效果,造型可爱。

(2)冷制法(Cold Process,CP)。

利用油脂中三酸甘油酯成分与碱液在低加热温度下进行皂化,即得到冷制皂。冷制皂的制造方法为最古老的制造方法,因为反应温度不够高,刚制作成的皂中油脂和碱还没有反应完全,强碱性水分含量也较高,所以需经 3～4 周的熟成期才可使用。

(3)热制法(Hot Process,HP)。

热制法是在冷制法的基础上提高反应温度来加快皂化速度,优点是不用 3～4 周的熟成期,其缺点是成皂不如冷制法制造出来的细致,因为经高温制作容易把油脂的精华成分流失。

(4)再生制皂法。

再生制皂法又称研磨皂(Rebatching),如果使用冷制法后对成品不满意或想再制成想要的形状,这时可以把香皂切成小块状或刨丝,再加入适量水再次加热,重新灌模和冷却脱模。

(5)液体皂法。

液体皂主要是使用氢氧化钾为皂化原料,与冷制皂不同的是,冷制皂经由钠的结晶化而形成较硬的固体皂,而钾比钠更容易溶解,也较不易形成结晶。因此,成皂所形成的液体看起来是清澈透明的。

4. 肥皂性质的检验

当加入饱和食盐水后，由于高级脂肪酸钠不溶于盐水而被盐析，甘油和新制备的氢氧化铜可以生成深蓝色的甘油铜溶液。

三、实验用品

移液管、烧杯、玻璃试管、恒温水浴锅、循环水式真空泵、抽滤瓶、玻璃棒、电子天平、手工皂模具等。

橄榄油、椰子油、亚麻油、棕榈油、猪油、7.5 mol/L 氢氧化钠溶液、氢氧化钠、硫酸铜溶液（5%）、氯化钙溶液（10%）、10%硫酸镁（或氯化镁）、饱和食盐水、95%乙醇、沸石、色素等。

四、实验内容

1. 手工冷皂制备

称量 0.8 g(0.05 mol)氢氧化钠后转至 250 mL 烧杯，并加入 40 mL 水，搅拌溶解，待冷却后放入水浴锅中（热水浴）加热至 45 ℃。注意氢氧化钠的溶解是放热反应（氢氧化钠是强碱），要注意实验规范操作，保证实验的安全。

称取 12.5 g 椰子油、32 g 棕榈油、18 g 橄榄油，置入 250 mL 烧杯中，放入水浴锅中热水浴加热至 45 ℃。

水浴保温和搅拌下，将碱液慢慢加入油脂中，加完后继续搅拌至溶液变黏稠，直至反应混合物从搅拌棒上流下时，形成线状并在棒上很快凝固为止。

反应完毕，将产物倾入模具中成型，注意上层的泡沫需要用玻璃棒平扫去除。

模具中的混合液皂化过程并未完全结束，需要放置在保温的环境 1～2 天方可脱模。

由于皂化温度低，不会破坏油脂中对皮肤的有益成分，且保留了皂化产生的保湿成分甘油，因此自制手工冷皂比市场购买的肥皂滋润性更好。

2. 透明皂制备（皂基）

称取 80 g 皂基置于 100 mL 烧杯中，80 ℃水浴至熔融。

按需加入几滴调制好的色素，搅拌均匀后倒入模具，冷却后脱模。

可以制备多层不同颜色的透明皂，需要分次调色和转移到模具中，待第一层基本固化后再加入第二层。后面加入的方法一样，整体冷却后脱模。

3. 肥皂热制法

(1)皂化反应。

称取 6.5 g 亚麻油、6.5 g 棕榈油、12 g 猪油，置入 250 mL 锥形瓶中，再加入 95%

乙醇 5 mL、7.5 mol/L 氢氧化钠溶液 10 mL，投入几粒沸石，振荡后放入水浴锅中热水浴加热至 95～100 ℃。在水浴锅中 95～100 ℃反应 80～90 min，过程中注意观察油水两相的变化情况，并每 10～20 min 用玻璃棒缓慢搅拌，使已经生成的部分肥皂作为乳化剂，促进油水两相的混合。反应后期如果观察到有大量不溶固体浮在混合液面上，可以适当补加 5～15 mL 的 95%乙醇，即得皂化液。

(2)盐析。

滴管吸取 5 mL 左右的皂化液进行盐析实验。将皂化液趁热慢慢加入一盛有 50 mL 饱和食盐水的烧杯中，边加边搅拌，以形成皂片，方便甘油溶于水与皂片分离。冷却，减压过滤，滤渣即为肥皂。肥皂片和滤液留下用于肥皂性质的检测。

(3)成模。

将剩余的皂化液趁热倒入模具中，冷却至室温可制备含有甘油的半透明保湿皂。如果需要调色和加香精，需要在倒入模具前加入几滴乙醇溶解的色素溶液和几滴香精，水浴加热混溶后再倒入模具。制备的产品性状和颜色取决于所用的模具和色素颜色及用量。所制备的肥皂产品如图 4-20 所示。

4. 肥皂性质的检测

取少量所制肥皂置于烧杯中，加入 15 mL 去离子水，于沸水浴中稍稍加热，并不断搅拌，使其溶解为均匀透明的肥皂水溶液。

取 2 支试管，各加入 5 mL 肥皂水溶液，再分别加入 5～10 滴 10%氯化钙和 10%硫酸镁(或氯化镁)溶液。观察有何现象产生，并说明原因，写出对应的反应方程式。

取 2 支干净试管，一支加入 5 mL 上述盐析实验所得的澄清滤液，另一支加入 5 mL 去离子水作空白实验。然后，在 2 支试管中各加入 1 滴 7.5 mol/L 氢氧化钠溶液及 3 滴 5%硫酸铜溶液，实验结果如图 4-21 所示，比较两者有何区别，并说明原因，写出对应的反应方程式。

图 4-20 热制法制皂的实验产品

图 4-21 盐析滤液性质的检测结果

五、实验结果

原料称量数据记录：____________。

产品性状：____________。

六、注意事项

(1)实验中花生油也可用豆油、棉籽油、橄榄油、猪油或牛油代替。这是因为不同原料，产品的硬度不一样。

(2)手工冷皂脱模时要戴上一次性手套，此时肥皂的碱性比较高。之后将其放置无光照、通风干燥的地方存放4周，每周可用试纸检测碱性，至为弱碱性即可得到优质的手工冷皂。

(3)手工冷皂没有加入防腐剂，保存时间不要超过一年。

七、思考题

(1)制备肥皂的油脂，如果选用的是不饱和度高的脂肪酸，它对产品会有什么影响？

(2)在用作洗涤用品的肥皂，其制备过程中，能否用碱土金属氢氧化物代替碱金属氢氧化物？

(3)在肥皂的热制法中，氢氧化钠起什么作用？乙醇又起什么作用？

实验三十二　从茶叶中提取咖啡因

一、实验目的

(1)了解咖啡因的性质,学习从茶叶中提取咖啡因的原理和方法。

(2)掌握用索氏提取器从固体中萃取有机物的操作方法。

(3)掌握升华纯化有机物的原理和方法。

二、实验原理

1.咖啡因的性质和用途

咖啡因(又称咖啡碱、茶素),于1820年由林格最初从咖啡豆中提取得到,其后在茶叶、冬青茶中亦有发现;1895—1899年由易·费斯歇及其学生首先完成合成过程。

咖啡因是弱碱性化合物,易溶于氯仿(12.5%)、水(2%)及乙醇(2%)等。在苯中溶解度为1%(热苯为5%)。含结晶水的咖啡因系无色针状结晶,味苦,能溶于水、乙醇、氯仿等。100 ℃失去结晶水,并开始升华,120 ℃升华相当显著,170 ℃升华很快。无水咖啡因熔点为234.5 ℃。

咖啡因具有刺激心脏、兴奋大脑神经和利尿等作用,因此,临床上常将其作为中枢神经兴奋药;它也是复方阿司匹林(APC)等药物的组分之一。

2.提取原理和方法

茶叶中含有多种生物碱,其中以咖啡碱(又称咖啡因)为主,占1%～5%。另外还含有11%～12%的单宁酸(鞣酸),0.6%的色素、纤维素、微量蛋白质等。

实验室进行茶叶中咖啡因的提取,通常采用适当的溶剂(如氯仿、乙醇、水、二氯甲烷等)萃取出咖啡因,再利用咖啡因易于升华的特点进行升华,获得咖啡因晶体。本实验选用乙醇作为溶剂,使用索氏提取器进行萃取粗提,提取液浓缩后再升华精制。

索氏提取器是利用溶剂回流和虹吸原理,使固体中可溶性成分连续不断地为纯溶剂所萃取的仪器。加热烧瓶中溶剂,其蒸气通过侧管进入冷凝管被冷凝成液体,滴入套筒中,浸润套筒中滤纸筒内的固体物质,使可溶性成分溶于溶剂中;当套筒内溶剂液面超过虹吸管的最高处时,即发生虹吸,流回烧瓶中;通过反复的回流和虹吸,从而将固体物质中可溶性成分富集在烧瓶中。其优点是在溶剂量一定的情况下,利用溶剂回流和虹吸,使固体物质每一次都能被纯的溶剂所萃取,节约溶剂,因而效率高。索氏提取器提取装置如图4-22所示。

3. 升华操作

固态物质受热时不经过液态而直接气化为蒸气的过程称为升华。利用升华可以将易升华物质和难挥发性杂质分开，从而达到分离、提纯的目的。凡是在熔点时具有较高蒸气压（不小于 2.66 kPa）的物质，都可以在其熔点以下升华。

用升华的方法提纯固体物质，必须满足两个条件：①被纯化的物质在低于熔点时就具有较高的蒸气压；②固体中杂质的蒸气压较低。有些物质在熔点时蒸气压较低，如萘的熔点（80 ℃）低，熔点时的蒸气压只有 0.93 kPa，需要使用减压升华进行分离、纯化。

常用的升华装置如图 4-23 所示，升华的方法包括常压升华和减压升华。

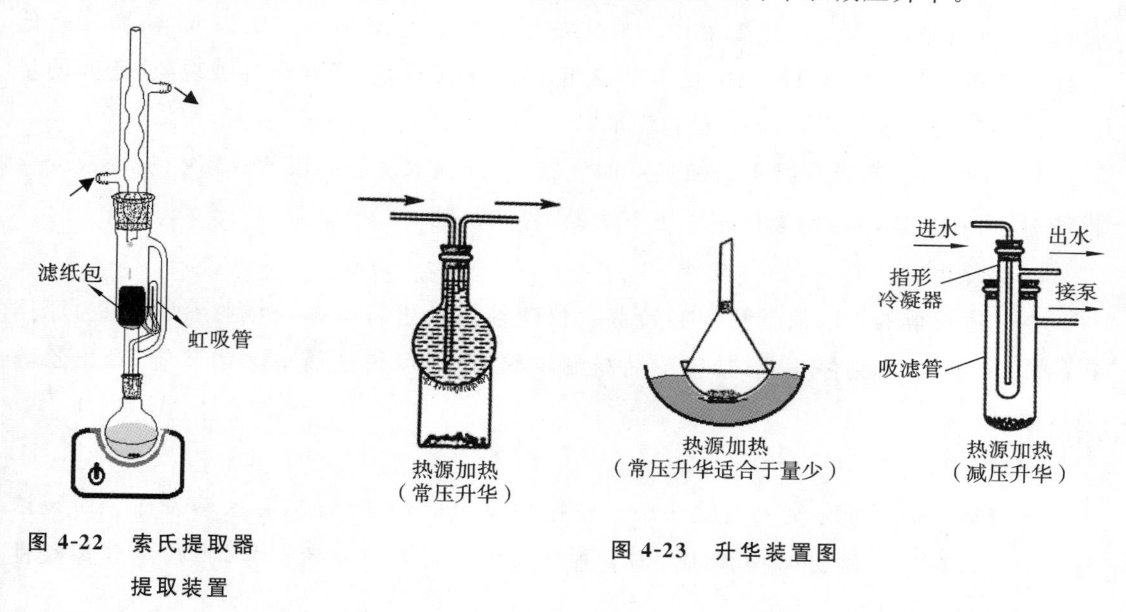

图 4-22　索氏提取器提取装置

图 4-23　升华装置图

升华的优点是不需要用溶剂，得到的产物纯度高；但操作时间长，损失量较大，因而只适用于实验室提纯少量（1～2 g）固态物质。

三、实验用品

电热套、250 mL 单口烧瓶、索氏提取器（1 套）、250 mL 锥形瓶、旋转蒸发仪、真空泵、大小两只瓷质蒸发皿、300 ℃温度计、玻璃漏斗、脱脂棉少量、大号缝衣针或 5 cm 长铁丝（Φ1～1.5 mm）等。

茶叶末（10 g/组）、95%乙醇、沙子、生石灰、滤纸、标签纸。

四、实验内容

实验的工作流程如图 4-24 所示。

（1）索氏提取器抽提。

在 250 mL 圆底烧瓶加沸石后上接索氏提取器后，将装有 10 g 茶叶末（研细）的纸

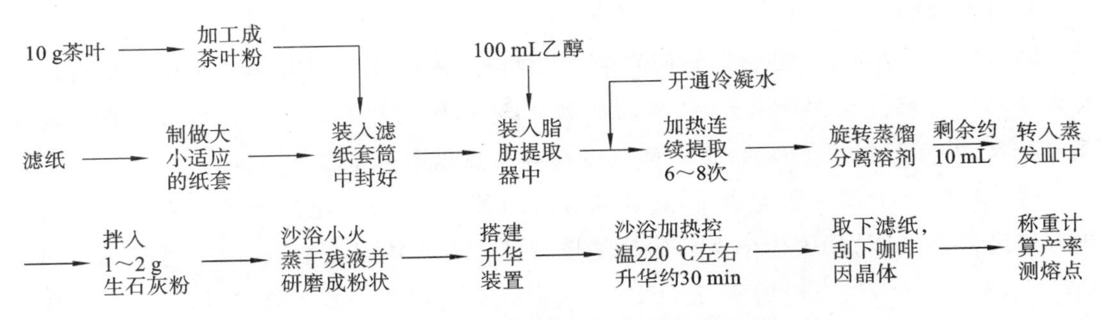

图 4-24　茶叶中咖啡因提取实验流程图

套筒（凹面朝上）放入索氏提取器中。要求滤纸套筒直径略小于索氏提取器、高度略低于虹吸管最高处。加入 100 mL 的 95%乙醇第一次浸提，注意观察虹吸现象（乙醇的量比刚好实现虹吸要多出 20 mL 左右为准）。

装上冷凝管，接通冷凝水后加热蒸馏烧瓶，连续提取发生虹吸 6～8 次、提取液变得很淡时，可在提取器内的液体刚虹吸下去时，停止加热。

(2)浓缩。

将上述获得的提取液转移到旋转蒸发仪蒸馏瓶中进行浓缩，至剩余液体积为原体积的 20%～25%，则停止蒸馏，得浓缩粗咖啡因液；也可搭建简单蒸馏装置，蒸出乙醇进行浓缩。

(3)中和。

浓缩粗咖啡因液分倒入蒸发皿中。烧瓶用少量的乙醇荡洗，并入蒸发皿。所得浓缩液中还含有单宁酸、色素等杂质，需要加入 2 g 左右生石灰粉搅拌均匀，中和掉酸性成分，游离出咖啡因。

(4)焙炒除水。

大的蒸发皿中加入适量的沙子放在电热套中加热，盛有浓缩液的小蒸发皿放置在沙子上，用棉线系住温度计（300 ℃）挂在铁架台上，水银球端（或煤油球端）埋在沙子中控温。在温度控制在 100～120 ℃的沙浴上搅拌、蒸干浓缩液，干成颗粒状后取下小蒸发皿置于实验台面的石棉网上，用玻璃塞研磨，重复加热、研磨直至成为浅绿色粉末。注意刚开始加热不能太快，否则会爆沸。在整个蒸发过程中，一定要不停地搅拌，同时温度不能太高造成咖啡因的升华损失。小火焙炒，除尽水分，粉末一定要足够干燥。

(5)升华。

把放有样品的蒸发皿上盖上一张已刺有许多小孔的滤纸，滤纸要有足够的孔洞面积，孔尽可能大一些，毛刺面朝上，以利于蒸气升腾到滤纸上方。然后一起放在预先加热至 230 ℃左右的沙浴中（与升华时浓缩液粉间有一定的温度差），再用一个颈部塞有松散的脱脂棉的玻璃漏斗盖在滤纸上，继续加热进行升华。在纸上出现大量白色针尖状结晶时，如图 4-25 所示（如果滤纸打孔太小，晶体容易生成在滤纸的下方，如图4-25左图所示，此时不易观察到滤纸上的大量晶体，可间接观察玻璃漏斗上是否出现细小的结晶），停加热。

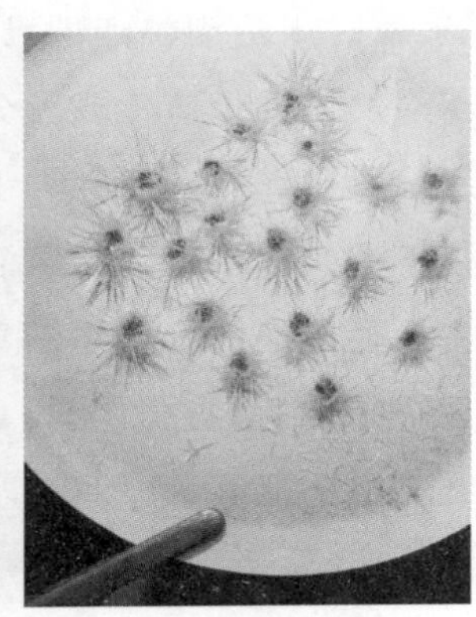

图 4-25　茶叶中提取的咖啡因晶体

冷至 100 ℃左右。揭开漏斗和滤纸，仔细地把附在纸上及器皿周围的咖啡因用小刀刮下，残渣经拌和后用较大的火再加热片刻，便升华完毕。当出现褐色烟雾，立即停止加热。合并两次收集的咖啡因称重后测定熔点。

(6)产品检测。

无水咖啡因的熔点为 234.5 ℃，在 178 ℃时快速升华，因此实验室通过熔点测定简单判断宜采用熔点管装样、熔点仪测试。若使用载玻片装样，则样品不可研磨，因直接使用晶体状样品，并提前加热仪器到 220 ℃后再放入样品进行观测。咖啡因的检测通常采用紫外分光光度法，也可以采用高效液相色谱法和红外光谱法。

五、实验结果

产品的外观：____________；质量：____________；产率：____________；熔点：____________。

六、注意事项

(1)索氏提取器为配套仪器，其任一部件损坏将会导致整套仪器的报废，特别是虹吸管极易折断，所以在安装仪器和实验过程中须特别小心。

(2)用滤纸包茶叶末时要严实，防止茶叶末漏出堵塞虹吸管；滤纸包大小要合适，既能紧贴套管内壁，又能方便取放，且其高度不能超出虹吸管高度。纸套上折成凹形，以保证回流液均匀浸润被萃取物。若套筒内萃取液色浅，即可停止萃取。

(3)旋转蒸发仪是实验室常用于减压蒸馏的仪器。液体的沸点是指液体的蒸气压等于外界大气压时液体对应的温度。因而如用真空泵连接盛有液体的容器，使液体表面上的压力降低，即可降低液体的沸点。这种在较低压力下进行蒸馏的操作就称为减压蒸馏。由于减压蒸馏是分离和提纯有机化合物的一种重要方法，所以它特别适用于那些在常压蒸馏时未达到沸点即已受热分解、氧化或聚合的物质。

(4)旋转蒸发仪进行简蒸或者分离溶剂的时候，蒸馏烧瓶和接收瓶都不能用不耐压的平底仪器(锥形瓶、平底烧瓶等)和有破损的仪器，以防装置内处于真空状态时外部压力过大造成仪器的破裂。减压蒸馏时保证一定的蒸馏速度，如果蒸馏过快会将液体冲入冷凝管，需更换干净的仪器重新蒸馏。蒸馏结束时，先移开热源，待稍冷后再解除真空，使内外系统平衡后，再关闭泵。

(5)当出现褐色烟雾，立即停止加热。热的蒸发皿不能直接放到桌面上，以免烫坏桌面。

(6)升华操作是本实验成败的关键。升华过程中，始终需用小火间接加热。温度太低，则升华速度较慢；温度太高，则易使产物发黄(分解)，甚至造成茶叶末燃着。

七、思考题

(1)为什么用茶叶末，而不用完整茶叶？

(2)脂肪提取器的萃取原理是什么？它比一般浸泡萃取有哪些优点？

(3)除可用乙醇萃取咖啡因外，还可采用哪些溶剂萃取？

(4)当减压蒸完所要的化合物后，应如何停止减压蒸馏？为什么？

(5)实验中加热生石灰的作用是什么？

(6)简述茶叶中咖啡因提前的步骤，并指出关键性步骤。

实验三十三　薄层色谱分离和提取菠菜色素

一、实验目的

(1)学习薄层层析的基本原理和分离鉴别有机化合物的操作方法。

(2)掌握薄层色谱的操作技术。

二、实验原理

1. 薄层色谱

薄层色谱(Thin Layer Chromatography,TLC)又叫薄板层析,是快速分离和定性分析少量物质的一种很重要的实验技术,属固—液吸附色谱。薄层层析法是一种微量快速地分析分离方法,具有灵敏、快速准确等优点。

2. 薄层色谱的工作原理

薄层层析的原理和柱层析一样,属于固一液吸附层析的类型。

通常是把吸附剂放在玻璃板上成为一个薄层,是为固定相,以有机溶剂作为流动相。实验时,把要分离的混合物滴在薄层析的一端,用适当的溶剂展开,当溶剂流经吸附剂时,由于各物质被吸附的强弱不同,就以不同的速率随着溶剂移动。展开一定时间后,让溶剂停止流动,混合物中各组分就停留在薄层析上显示出一个个色斑的色谱图。若各组分无色,可喷洒一定的显色剂使之显色。

最典型的薄层色谱法是在一块洗净干燥的玻璃片上均匀铺上一薄层吸附剂,制成薄层板,如图 4-26 所示,为以硅胶为吸附剂制备的薄层板。用毛细管将样品溶液点在起点处,把此薄层板置于盛有溶剂的容器中,如图 4-27 所示,待溶液到达前沿后取出,晾干,显色,并测定色斑的位置。由于层析是在薄层板上进行,故称为薄层层析。

图 4-26　硅胶薄层板

图 4-27　薄层板在不同的层析缸中展开的方式

3. 薄层色谱的用途

(1)化合物的定性检验(通过与已知标准物对比的方法进行未知物的鉴定)。

在条件完全一致的情况,纯粹的化合物在薄层色谱中呈现一定的移动距离,称比移值(R_f值),所以利用薄层色谱法可以鉴定化合物的纯度或确定两种性质相似的化合物是否为同一物质。但影响比移值的因素有很多,如薄层的厚度,吸附剂颗粒的大小,酸碱性,活性等级,外界温度和展开剂纯度、组成、挥发性等。所以,要获得重现的比移值就比较困难。为此,在测定某一试样时,最好用已知样品进行对照。则有

$$R_f = \frac{\text{溶质最高浓度中心至原点中心的距离}}{\text{溶剂前沿至原点中心的距离}}$$

(2)快速分离少量物质(几到几十微克,甚至 0.01 μg)。

(3)跟踪反应进程。在进行化学反应时,常利用薄层色谱观察原料斑点的逐步消失,来判断反应是否完成。

(4)化合物纯度的检验(只出现一个斑点,且无拖尾现象,为纯物质)。

此法特别适用于挥发性较小或在较高温度易发生变化而不能用气相色谱分析的物质。

本次实验利用薄层色谱来分离和提取菠菜色素。

三、实验用品

4 块显微载玻片、50 mL 烧杯、分液漏斗、布氏漏斗、研钵、烘箱、吸管、玻璃板点样毛细管、大头针、直尺、玻棒等。

95%乙醇、石油醚(60～90 ℃)、丙酮、乙酸乙酯、菠菜叶、0.5%羧甲基纤维素钠(CMC)水溶液、硅胶 G、无水硫酸钠等。

四、实验内容

1. 菠菜色素的提取

称取 20 g 洗净后,用滤纸吸干的新鲜的菠菜叶,用剪刀剪碎置于研钵中,加 20 mL 95%乙醇作为提取剂,边加入提取剂,边快速研磨叶片,在研钵中研磨约 5 min 后用 100 目筛过滤,得到提取液。

将菠菜滤渣放回研钵,分 2 次用 20 mL 体积比 3∶2 的石油醚-95%乙醇混合液提取 2 次,每次需加以研磨并且过滤。

合并深绿色萃取液,转入分液漏斗,分 2 次用 10 mL 水洗涤 2 次。弃去水—乙醇层,上层石油醚层从上口倒入干燥的锥形瓶,加入适量的无水硫酸钠干燥 30 min 后除去水分。

用塞有少量脱脂棉的漏斗，将干燥后的石油醚层提取液滤入干燥的圆底烧瓶，搭建简单蒸馏装置，蒸去大部分石油醚至体积约为 1 mL 停止蒸馏，移取热源，得到菠菜色素溶液。

2. 薄层色谱来分离和提取菠菜色素

完成 TLC 分析通常需经制板、点样、展开、检出这 4 步操作。

(1)制板。

取 7.5 cm×2.5 cm 左右的载玻片 5 块，洗净晾干。

在 50 mL 烧杯中放置 3 g 硅胶 G，逐渐加入 0.5%羧甲基纤维素钠(CMC)水溶液 8 mL，调成均匀的糊状，用滴管吸取此糊状物，涂于上述洁净的载玻片上。将带浆的玻片在玻璃板或水平的桌面上做上下轻微的颠动，并不时转动方向，制成薄层均匀，表面光洁平整的薄层板。涂好硅胶 G 的薄层板置于水平的玻璃板上，在室温放置 0.5 h 干燥后，放入烘箱中，缓慢升温至 110 ℃(目的是活化)，恒温 0.5 h，取出稍冷后置于干燥器中备用。

(2)点样。

取 2 块用上述方法制好的薄层板，分别在距一端 1 cm 处用铅笔轻轻画一横线作为起始线。取管口平整的毛细管插入菠菜色素溶液，在一块板的起点线上点上述提取液样品。如果样品的颜色较浅，可重复点样，重复点样前必须待前次样品干燥后进行，样点直径不应超过 5 mm。

(3)展开。

按照石油醚-丙酮体积比 8∶2 配制展开剂 A，按照石油醚-乙酸乙酯体积比 6∶4 配制展开剂 B。将展开剂分别放入到两个层析缸中，让其气相饱和 10 min 以上。

待样点干燥后，小心将点样板分别放入加有不同展开剂的层析缸中，要求点样板的一端应浸入展开剂 0.5 cm。盖好玻璃板，观察展开剂前沿上升至离板的上端 1 cm 处取出，尽快用铅笔在展开剂上升的前沿处划一记号，在空气中晾干后观察分离的情况比较不同展开剂系统地展开效果。

(4)检出。

展开后的薄层板经过干燥后，常用紫外光灯照射或用显色剂显色检出斑点。对于无色组分，在用显色剂时，显色剂喷洒要均匀，量要适度。紫外光灯的功率越大，暗室越暗，检出效果就越好。观察各斑点的颜色，分别计算 R_f 值。

五、实验结果

溶剂前沿至原点距离：＿＿＿＿＿＿ mm；＿＿＿＿＿＿色斑点原点距离：

__________ mm，R_f = __________；__________色斑点原点距离：__________ mm，R_f = __________。

六、注意事项

(1)载玻片应干净且不被手污染，吸附剂在玻片上应均匀平整。

(2)点样不能戳破薄层板面，如果要重新点样，一定要等前一次点样残余的溶剂挥发后再点样，以免点样斑点过大。一般斑点直径不大于 2 mm，不宜超过 5 mm。各样点间距 1～1.5 cm，底线距基线 1～2.5 cm，样点与玻璃边缘距离至少 1 cm。

(3)薄层板点样后，应待溶剂挥发完，点样板干燥后再放入展开室中展开。

(4)展开剂一般为两种以上互溶的有机溶剂，并且临用时新配为宜。为达到蒸气饱和效果，可在室中加入足够量的展开剂；或者在壁上贴两条与室一样高、宽的滤纸条，一端浸入展开剂中，密封室顶的盖。展开剂每次展开后，都需要更换，不能重复使用。

(5)薄层板放入展开室时，展开剂不能没过样点。一般情况下，展开剂浸入薄层下端的高度不宜超过 0.5 cm。

(6)展开时，不要让展开剂前沿上升至底线。否则，无法确定展开剂上升高度，即无法求得 R_f 值和准确判断粗产物中各组分在薄层板上的相对位置。

(7)R_f 值一般控制在 0.3～0.8，当 R_f 值很大或很小时，应适当改变流动相的比例。

(8)分离的化合物若有颜色，很容易识别出来各个样点。但多数情况下化合物没有颜色，要识别样点，必须使样点显色。通用的显色方法有碘蒸气显色和紫外线显色。①碘蒸气显色：将展开的薄层板挥发干展开剂后，放在盛有碘晶体的封闭容器中，升华产生的碘蒸气能与有机物分子形成有色的缔合物，完成显色。②紫外线显色：用掺有荧光剂的固定相材料(如硅胶 F，氧化铝 F 等)制板，展开后在用紫外线照射展开的干燥薄层板，板上的有机物会吸收紫外线，在板上出现相应的色点，可以被观察到。有时对于特殊有机物使用专用的显色剂显色。此时常用盛有显色剂溶液的喷雾器喷板显色。

七、思考题

(1)绿色植物叶片的主要成分是什么？提取液可能含有哪些化合物？

(2)薄层色谱分离色素原理是什么？

(3)薄层色谱法点样应注意些什么？

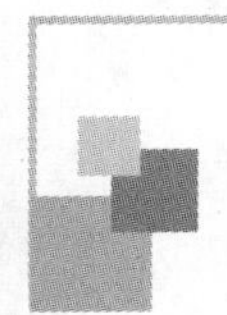

附录A 熔点仪测熔点的方法

熔点测定在药物、染料和香料等有机物纯度鉴定方面的应用广泛，熔点仪的种类和类型也非常的多，主要可分为显微镜熔点仪、目视熔点仪和数字熔点仪三大类。

目视熔点仪带有观测目镜或观察窗，测量原理和b形管法一样，高级的目视熔点仪还配备数显测温系统；数字熔点仪带有光电自动检测系统，其工作原理基于固体晶体反射光线而熔融状态透射光线、物质在熔化过程中随温度升高出现透光率的突变。熔点仪通常使用熔点管装样，其中显微镜熔点仪也可以用载玻片装样。

图A-1所示的是华欧X-4 X-5双目显微熔点仪。以此仪器为例说明使用方法如下。

(1)打开开关预热加热台，将装有样品的熔点管或载玻片放置到加热台中间。

(2)调节显微镜的升降手轮，至目镜中能看到熔点热台中央的待测物品轮廓时锁紧该手轮；然后调节调焦手轮，直到能清晰地看到待测样品的像为止。

(3)调节控制面板的控温旋钮，根据待测样品的熔点高低，通过调节粗调和微调旋钮来控制升温速度，距熔点10 ℃左右，控制升温速度为1 ℃/min。

(4)观察被测样品的熔化过程，记录初熔和全熔时的温度。

(5)取下样品，调节显微镜的升降手轮调高显微镜，在加热台上放置加水的冷却铝台降温。

(6)重复测量前，将使温度降至待测样品熔点值40 ℃以下时，再放入样品，进行重复测量。

图A-2所示的是熔点仪为上海申光WRS-2A数字熔点仪。以WRS-2A数字熔点仪(其工作面板如图A-3所示)为例说明测量熔点的操作步骤。

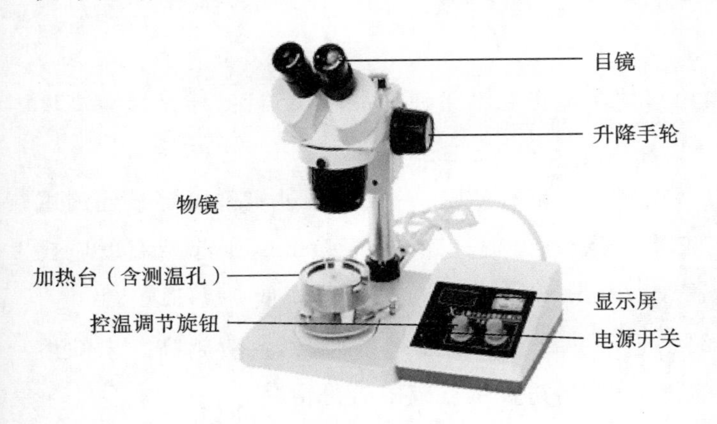

图A-1 X-4 X-5双目显微熔点仪

图A-2 WRS-2A数字熔点仪

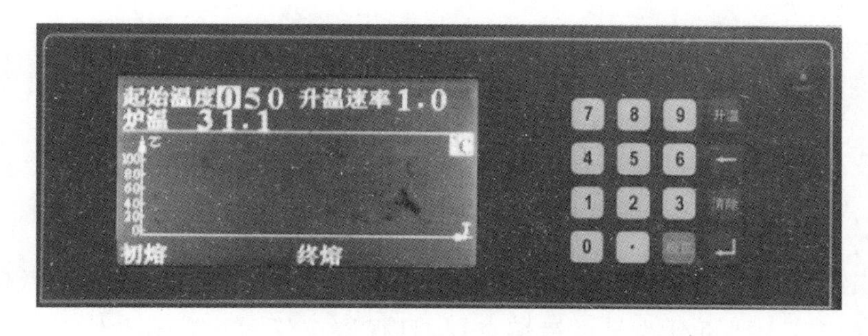

图 A-3　WRS-2A 数字熔点仪的工作面板

(1)开启电源开关,显示上一次起始温度及升温速率。稳定 20 min,此时光标将停止在“起始温度”第一位数字,可通过键盘修改起始温度,并按“确定”键表示确认,若起始温度不需修改可直接按“确定”键,此时光标跳至“升温速率”第一位数字。

(2)通过键盘输入升温速率,按“确定”键表示确认,也可直接按“确定”键,默认当前的升温速率,此时光标又回到“起始温度”第一位数字。

(3)用户也可通过光标移动键“<”将光标移到需修改的数字中,然后进行修改(总之光标所停的位置即是可修改的),修改后按“确定”键表示确认。

(4)当实际炉温达到预设温度并稳定后,可插入样品毛细管。

(5)按“升温”键,操作提示显示“↑”,此时仪器将按照预先设定的工作参数对样品进行测量(注意:按升温键后,未放毛细管的炉子将出现“未放样品”即炉子的序号而不显示“个”)。

(6)当到达初熔点时,显示初熔温度,当到达终熔点时,显示终熔温度,同时显示熔化曲线。

(7)只要电源未切断,上述读数值将一直保留。

(8)若想测量另一新样品,输入完“起始温度”并按“确定”键后,原先的曲线将自动清除,开始下一样品的测量。

使用注意事项如下。

(1)样品必须干燥、碾碎,用自由落体法敲击毛细管使样品填装结实,样品填装高度为 3 mm。

(2)某些样品起始温度高低对熔点测定结果有影响,一般应通过实验确定最佳测试条件。建议提前 3～5 min 插入毛细管,若线性升温速率选 1 ℃/min,则起始温度应比熔点低 3～5 ℃;若线性升温速率选 3 ℃/min,则起始温度应比熔点低 9～15 ℃。

(3)线性升温速率不同,测定结果也不一致。一般速率越大,读数值越高。未知熔点值的样品可先用快速升温或大的速率,得到初步熔点范围后再精测。

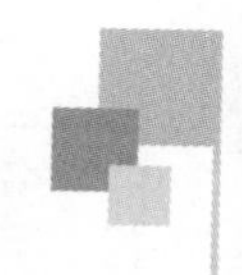

附录 B　实验室常用酸碱盐溶液的配制

表 B-1　酸溶液的配制

名称	浓度	配制方法
HCl	约 12 mol/L	浓 HCl 溶液
	8 mol/L	667 mL 浓 HCl 溶液＋333 mL 水
	6 mol/L	500 mL 浓 HCl 溶液＋500 mL 水
	3 mol/L	250 mL 浓 HCl 溶液＋750 mL 水
	2 mol/L	167 mL 浓 HCl 溶液＋833 mL 水
HNO_3	约 15 mol/L	浓 HNO_3 溶液
	6 mol/L	380 mL 浓 HNO_3 溶液＋620 mL 水
	3 mol/L	188 mL 浓 HNO_3 溶液＋812 mL 水
	1 mol/L	63 mL 浓 HNO_3 溶液＋937 mL 水
H_2SO_4	约 18 mol/L	浓 H_2SO_4 溶液
	6 mol/L	334 mL 浓 H_2SO_4 溶液慢慢加到 500 mL 水中，冷却后再用水稀释到 1 L
	3 mol/L	167 mL 浓 H_2SO_4 溶液慢慢加到 500 mL 水中，冷却后再用水稀释到 1 L
	1 mol/L	56 mL 浓 H_2SO_4 溶液慢慢加到 800 mL 水中，冷却后再用水稀释到 1 L
CH_3COOH	约 17 mol/L	冰醋酸
	6 mol/L	353 mL 冰醋酸＋647 mL 水
	3 mol/L	177 mL 冰醋酸＋823 mL 水
酒石酸	饱和溶液	酒石酸溶于水，使其饱和
草酸	1%	1 g $H_2C_2O_4 \cdot 2H_2O$ 溶于少量水中，加水稀释至 100 mL

表 B-2 碱溶液的配制

名称	浓度	配制方法
NaOH	6 mol/L	240 g NaOH 溶于 400 mL 水中，盖上表面皿，放冷，再用水稀释至 1 L
	2 mol/L	80 g NaOH 溶于 150 mL 水中，盖上表面皿，放冷，再用水稀释至 1 L
KOH	2 mol/L	112 g KOH 溶于 100 mL 水中，盖上表面皿，放冷，再用水稀释至 1 L
$NH_3 \cdot H_2O$	15 mol/L	浓氨水
	6 mol/L	400 mL 浓氨水＋600 mL 水
	2 mol/L	134 mL 浓氨水＋866 mL 水
$Ba(OH)_2$	饱和溶液	72 g $Ba(OH)_2 \cdot 8H_2O$ 溶于 1 L 水中，充分搅拌，放置 24 h 后，使用上层清液，注意防止吸收 CO_2
缓冲溶液	pH＝10	67 g NH_4Cl 溶于水，加 520 mL 浓氨水，用水稀释至 1 L

表 B-3 盐溶液的配制

名称	浓度	配制方法
$AgNO_3$	0.5 mol/L	85 g $AgNO_3$ 溶于适量水，再用水稀释至 1 L(储于棕色瓶中)
$BaCl_2$	0.5 mol/L	122 g $BaCl_2 \cdot 2H_2O$ 溶于适量水，再用水稀释至 1 L
$CuSO_4$	2%	20 g $CuSO_4 \cdot 5H_2O$ 溶于适量水，再用水稀释至 1 L
	0.02%	1 mL 2% $CuSO_4$ 用水稀释至 100 mL
Na_2CO_3	饱和溶液	约 21.5 g Na_2CO_3 溶于 100 mL 水中(20 ℃)
NaAc	饱和溶液	约 760 g $NaAc \cdot 3H_2O$ 溶于 1 L 水中(20 ℃)
	3 mol/L	408 g $NaAc \cdot 3H_2O$ 溶于适量水，再用水稀释至 1 L
	1 mol/L	136 g $NaAc \cdot 3H_2O$ 溶于适量水，再用水稀释至 1 L
$Na_2S_2O_3$	0.1 mol/L	24.8 g $Na_2S_2O_3 \cdot 5H_2O$ 溶于适量水，再用水稀释至 1 L
NaF	0.1 mol/L	4.2 g NaF 溶于适量水，再用水稀释至 1 L

续表

名称	浓度	配制方法
K_2CrO_4	5%	50 g K_2CrO_4 溶于适量水,再用水稀释至1 L
	饱和溶液	约62 g K_2CrO_4 溶于100 mL水中(20 ℃)
$K_2Cr_2O_7$	0.5 mol/L	147 g $K_2Cr_2O_7$ 溶于适量水,再用水稀释至1 L
$K_4[Fe(CN)_6]$	0.25 mol/L	106 g $K_4[Fe(CN)_6]\cdot 3H_2O$ 溶于适量水,再用水稀粹至1 L
$K_3[Fe(CN)_6]$	0.33 mol/L	110 g $K_3[Fe(CN)_6]$溶于适量水,再用水稀释至1 L
$KMnO_4$	0.01 mol/L	1.6 g $KMnO_4$ 溶于适量水,再用水稀释至1 L
KI	1 mol/L	166 g KI溶于适量水,再用水稀释至1 L
	4%	46 g KI溶于适量水,再用水稀释至1 L
NH_4CI	饱和溶液	约37.2 g NH_4Cl溶于100 mL水中(20 ℃)
	3 mol/L	162 g NH_4Cl溶于适量水,再用水稀释至1 L
NH_4NO_3	5%	5 g NH_4NO_3 溶于适量水,再用水稀释至1 L
NH_4Ac	3 mol/L	231 g NH_4Ac溶于适量水,再用水稀释至1 L
$(NH_4)_2CO_3$	2 mol/L	192 g $(NH_4)_2CO_3$ 溶于500 mL 2 mol/L氨水中,用水稀释至1 L
	12%	12 g $(NH_4)_2CO_3$ 溶于适量水,再用水稀释至100 mL
NH_4SCN	饱和溶液	约170 g NH_4SCN 溶于100 mL水(20 ℃)
	0.5 mol/L	38 g NH_4SCN 溶于适量水,再用水稀释至1 L
$(NH_4)_2MoO_4$	3%	2.5 g$(NH_4)_2MoO_4\cdot 4H_2O$粉末加20 g NH_4NO_3,搅拌均匀,加入80 mL 4.5 mol/L HNO_3 溶液中,搅拌溶解。放置48 h,如有沉淀,过滤后使用
$(NH_4)_2Hg(SCN)_4$	0.3 mol/L	9 g NH_4SCN加8 g $HgCl_2$ 溶于适量水,再用水稀释至100 mL
$HgCl_2$	0.2 mol/L	54 g $HgCl_2$ 溶于适量水,再用水稀释至1 L
$FeCl_3$	0.5 mol/L	135 g $FeCl_3\cdot 6H_2O$溶于适量水(如出现浑浊,加几滴6 mol/LHCl溶液至溶液澄清),再用水稀释至1 L
$Ba(Ac)_2$	10%	10 g $Ba(Ac)_2$ 溶于适量水,再用水稀释至100 mL
$La(NO_3)_3$	5%	5 g $La(NO_3)_3$ 溶于适量水,再用水稀释至100 mL

续表

名称	浓度	配制方法
$SnCl_2$	0.25 mol/L	56.4 g $SnCl_2 \cdot 2H_2O$ 溶于 250 mL 浓 HCl 溶液中，用水稀释至 1 L，加数颗 Sn 粒
$SrCl_2$	饱和溶液	约 53 g $SrCl_2$ 溶于 100 mL 水中
H_2O_2	3%	100 mL 浓 H_2O_2 溶液（30%）用水稀释至 1 L
$Pb(Ac)_2$	0.5 mol/L	190 g $Pb(Ac)_2 \cdot 3H_2O$ 溶于 500 mL 水及 20 mL 冰醋酸中，再用水稀释至 1 L
NaBrO	0.25 mol/L	50 mL 新配制的溴水[①] 滴加 2 mol/L NaOH 溶液至溶液变为无色（约需 2 mol/L NaOH 溶液 50 mL）
$Na_3Co(NO_2)_6$	0.1 mol/L	230 g $NaNO_2$ 溶于 500 mL 水中，加入 16.5 mL 6 mol/L HAc 溶液及 30 g $Co(NO_3)_2 \cdot 6H_2O$ 静置过夜，过滤，滤液用水稀释至 1 L
$Na_2[Fe(CN)_5NO]$	3%	3 g $Na_2[Fe(CN)_5NO] \cdot 2H_2O$ 溶于 100 mL 水中（用时新配）
$UO_2(CH_3COO)_2$	0.1 mol/L	42.4 g $UO_2 \cdot 2H_2O$ 溶于 200 mL 水及 30 mL 冰醋酸的混合液中，用水稀释至 1 L
$ZnUO_2(CH_3COO)_4$		A. 10 g $UO_2(CH_3COO)_2 \cdot 2H_2O$ 和 15 mL 6 mol/L HAc 溶液溶于 75 mL 水中，加热促其溶解。B. 30 g $Zn(CH_3COO)_2 \cdot 2H_2O$ 和 15 mL 6 mol/L HAc 溶液溶于 50 mL 水中，加热至 70 ℃。然后趁热将 A、B 两种溶液混合，24 h 后，取清液使用（储于棕色瓶中）
碘水	0.05 mol/L	12.7 g I_2 及 25 g KI 溶于尽可能少的水中后，再用水稀释至 1 L（储于棕色瓶中）
	0.005 mol/L	取 0.05 mol/L I_2 溶液 10 mL，用水稀释至 100 mL（储于棕色瓶中）
氯水	饱和溶液	通 Cl_2 于水中至饱和为止（储于棕色瓶中）

附录C　酸碱滴定和配位滴定用指示剂及其变色范围

表 C-1　酸碱指示剂(18～25 ℃)

指示剂名称	变色 pH 范围	颜色变化	溶液配制方法
甲基紫 (第一变色范围)	0.13～0.5	黄—绿	0.1%或 0.05%的水溶液
苦味酸	0.0～1.3	无色—黄	0.1%水溶液
甲基绿	0.1～2.0	黄—绿—浅蓝	0.05%水溶液
孔雀绿 (第一变色范围)	0.13～2.0	黄—浅蓝—绿	0.1%水溶液
甲酚红 (第一变色范围)	0.2～1.8	红—黄	0.04 g 指示剂溶于 100 mL 50%乙醇中
甲基紫 (第二变色范围)	1.0～1.5	绿—蓝	0.1%水溶液
百里酚蓝 (麝香草酚蓝) (第一变色范围)	1.2～2.8	红—黄	0.1 g 指示剂溶于 100 mL 20%乙醇中
甲基紫 (第三变色范围)	2.0～3.0	蓝—黄	0.1%水溶液
茜素黄 R (第一变色范围)	1.9～3.3	红—黄	0.1%水溶液
二甲基黄	2.9～4.0	红—黄	0.1 g 或 0.01 g 指示剂溶于 100 mL 90%乙醇中
甲基橙	3.1～4.4	红—橙黄	0.1%水溶液
溴酚蓝	3.0～4.6	黄—蓝	0.1 g 指示剂溶于 10 mL 20%乙醇中
刚果红	3.0～5.2	蓝紫—红	0.1%水溶液

续表

指示剂名称	变色 pH 范围	颜色变化	溶液配制方法
茜素红 S （第一变色范围）	3.7～5.2	黄—紫	0.1%水溶液
溴甲酚绿	3.8～5.4	黄—蓝	0.1 g 指示剂溶于 100 mL 20%乙醇中
甲基红	4.4～6.2	红—黄	0.1 g 或 0.2 g 指示剂溶于 100 mL 60%乙醇中
溴酚红	5.0～6.8	黄—红	0.1 g 或 0.04 g 指示剂溶于 100 mL 20%乙醇中
溴甲酚紫	5.2～6.8	黄—紫红	0.1 g 指示剂溶于 100 mL 20%乙醇中
溴百里酚蓝	6.0～7.6	黄—蓝	0.05 g 指示剂溶于 100 mL 20%乙醇中
中性红	6.8～8.0	红—亮黄	0.1 g 指示剂溶于 100 mL 60%乙醇中
酚红	6.8～8.0	黄—红	0.1 g 指示剂溶于 100 mL 20%乙醇中
甲酚红	7.2～8.8	亮黄—紫红	0.1 g 指示剂溶于 100 mL 50%乙醇中
百里酚蓝 （麝香草酚蓝） （第二变色范围）	8.0～9.6	黄—蓝	参看第一变色范围
酚酞	8.2～10.0	无色—紫红	0.1 g 指示剂溶于 100 mL 60%乙醇中
百里酚酞	9.4～10.6	无色—蓝	0.1 g 指示剂溶于 100 mL 90%乙醇中
茜素红 S （第二变色范围）	10.0～12.0	紫—淡黄	参看第一变色范围
茜素黄 R （第二变色范围）	10.1～12.1	黄—淡紫	0.1%水溶液
孔雀绿 （第二变色范围）	11.5～13.2	蓝绿—无色	参看第一变色范围
达旦黄	12.0～13.0	黄—红	溶于水、乙醇

表 C-2　混合酸碱指示剂

<table>
<tr><th rowspan="2">指示剂溶液组成</th><th rowspan="2">变色点 pH</th><th colspan="2">颜色</th><th rowspan="2">备注</th></tr>
<tr><th>酸色</th><th>碱色</th></tr>
<tr><td>一份 0.1%甲基黄乙醇溶液
一份 0.1%次甲基蓝乙醇溶液</td><td>3.25</td><td>蓝紫</td><td>绿</td><td>pH 3.2 蓝紫色
pH 3.4 绿色</td></tr>
<tr><td>一份 0.1%甲基橙溶液
一份 0.25%靛蓝(二磺酸)水溶液</td><td>4.1</td><td>紫</td><td>黄绿</td><td></td></tr>
<tr><td>一份 0.1%溴百里酚绿钠盐水溶液
一份 0.2%次甲基橙溶液</td><td>4.3</td><td>黄</td><td>蓝绿</td><td>pH 3.5 黄色
pH 4.0 黄绿色
pH 4.3 绿色</td></tr>
<tr><td>三份 0.1%溴甲酚绿乙醇溶液
一份 0.2%甲基红乙醇溶液</td><td>5.1</td><td>酒红</td><td>绿</td><td></td></tr>
<tr><td>一份 0.2%甲基红乙醇溶液
一份 0.1%次甲基蓝乙醇溶液</td><td>5.4</td><td>红紫</td><td>绿</td><td>pH 5.2 红紫
pH 5.4 暗蓝
pH 5.6 绿</td></tr>
<tr><td>一份 0.1%溴甲酚绿钠盐水溶液
一份 0.1%氯酚红钠盐水溶液</td><td>6.1</td><td>黄绿</td><td>蓝紫</td><td>pH 5.4 蓝绿
pH 5.8 蓝
pH 6.2 蓝紫</td></tr>
<tr><td>一份 0.1%溴甲酚紫钠盐水溶液
一份 0.1%溴百里酚蓝钠盐水溶液</td><td>6.7</td><td>黄</td><td>蓝紫</td><td>pH 6.2 黄紫
pH 6.6 紫
pH 6.8 蓝紫</td></tr>
<tr><td>一份 0.1%中性红乙醇溶液
一份 0.1%次甲基蓝乙醇溶液</td><td>7.0</td><td>蓝紫</td><td>绿</td><td>pH 7.0 蓝紫</td></tr>
<tr><td>一份 0.1%溴百里酚蓝钠盐水溶液
一份 0.1%酚红钠盐水溶液</td><td>7.5</td><td>黄</td><td>紫</td><td>pH 7.2 暗绿
pH 7.4 淡紫
pH 7.6 深紫</td></tr>
<tr><td>一份 0.1%甲酚红钠盐水溶液
三份 0.1%百里酚蓝钠盐水溶液</td><td>3.3</td><td>黄</td><td>紫</td><td>pH 2.3 玫瑰色
pH 3.4 紫色</td></tr>
</table>

表 C-3　金属离子指示剂

指示剂名称	解离平衡和颜色变化	溶液配制方法
铬黑 T (EBT)	$pK_{a_2}=6.3$　$pK_{a_3}=11.55$ $H_2In^- \Leftrightarrow H_2In^{2-} \Leftrightarrow In^{3-}$ 紫红　蓝　橙	0.5%水溶液
二甲酚橙 (XO)	$pK_a=6.3$ $H_2In^{4-} \Leftrightarrow H_2In^{5-}$ 黄　红	0.2%水溶液
K-B 指示剂	$pK_{a_1}=8$　$pK_{a_2}=13$ $H_2In \Leftrightarrow HIn^- \Leftrightarrow In^{2-}$ 红　蓝　紫红 (酸性铬蓝 K)	0.2 g 酸性铬蓝 K 与 0.4 g 萘酚绿 B 溶于 100 mL 水中
钙指示剂	$pK_{a_2}=7.4$　$pK_{a_3}=13.5$ $H_2In^- \Leftrightarrow HIn^{2-} \Leftrightarrow In^{3-}$ 酒红　蓝　酒红	0.5%的乙醇溶液
吡啶偶氮萘酚 (PAN)	$pK_{a_1}=1.9$　$pK_{a_2}=12.2$ $H_2In^+ \Leftrightarrow HIn \Leftrightarrow In^-$ 黄绿　黄　淡红	0.1%的乙醇溶液
Cu-PAN (CuY-PAN 溶液)	$\underbrace{CuY+PAN}_{浅绿}+\underbrace{M^{a+}=\!=MY}_{无色}+\underbrace{Cu-PAN}_{红色}$	向 0.05 mol/L Cu^{2+} 溶液 10 mL，加 pH 5～6 的 HAc 缓冲液 5 mL、1 滴 PAN 指示剂，加热至 60 ℃左右，用 EDTA 滴至绿色，得到约 0.025 mol/L 的 CuY 溶液。使用时取 2～3 mL 于试液中，再加数滴 PAN 溶液
磺基水杨酸	$pK_{a_2}=2.7$　$pK_{a_3}=13.1$ H_2In (无色)	1%水溶液
钙镁试剂	$pK_{a_2}=8.1$　$pK_{a_3}=12.4$ $H_2In^- \Leftrightarrow HIn^{2-} \Leftrightarrow In^{3-}$ 红　蓝　红橙	0.5%水溶液

注：EBT、钙指示剂、K-B 指示剂在水溶液中稳定性较差，可以配成指示剂与 NaCl 质量比为 1∶100 或 1∶200 的固体粉末。

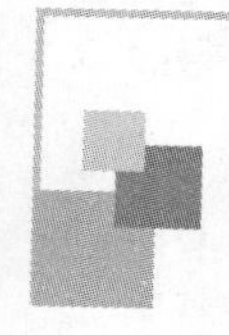

附录D　实验室常用鉴定试剂的配制

1. 饱和亚硫酸氢钠溶液

先配制5 mol/L亚硫酸氢钠溶液，然后向每100 mL的亚硫酸氢钠溶液(5 mol/L)中加入不含醛的25 mL无水乙醇，配成饱和亚硫酸氢钠溶液。配成的溶液如有少量的亚硫酸氢钠结晶，必须滤去结晶，保留上清液。注意亚硫酸氢钠溶液不稳定，容易氧化和分解。因此，不能保存很久，以现配现用为宜。

2. 饱和溴水

溶解30 g溴化钾于200 mL水中，加入20 g溴，振荡均匀即成。

3. 碘-碘化钾溶液

将1 g研细的碘粉和2 g碘化钾溶于100 mL水中，加热搅拌均匀，即得红色澄清的碘-碘化钾透明溶液。

4. 2,4-二硝基苯肼

方法一。称取2,4-二硝基苯肼3 g，溶解于15 mL浓硫酸中，另向70 mL 95%乙醇加入20 mL蒸馏水，然后将硫酸苯肼加入稀乙醇溶液中，边加边搅拌，形成橙红色溶液(若有沉淀需过滤)。

方法二。称取2,4-二硝基苯肼1.2 g，溶于50 mL 30%高氨酸中，摇匀后贮存于棕色试剂瓶中，以防变质。

方法一配制的2,4-二硝基苯肼试剂浓度大，反应时沉淀更易于观察；方法二配制的试剂在水中溶解度大，方便于检验水中醛，并且较稳定，因此长期贮存不易变质。

5. 1%淀粉溶液

取1 g可溶性淀粉和少许水于研钵中研成糊状，并加入5 mL 0.1% 的 $HgCl_2$(防腐用)，然后将上述混合液加入100 mL水中并煮沸数分钟，放冷即可。

6. 酚酞试剂

把0.1 g酚酞溶于100 mL 95%乙醇中即得无色的酚酞乙醇溶液，室温时变色范围的pH值为8.2～10。

7. 亚硝酰铁氰化钠溶液

称取亚硝酰铁氰化钠1 g，加水使其溶解并定容至20 mL，于棕色瓶中保存，溶液变绿则不能用。

8. 菲林试剂

菲林试剂有菲林A和菲林B两种溶液。

菲林A：将3.5 g五水合硫酸铜溶于100 mL蒸馏水中即得淡蓝色的菲林A试剂（若有晶体析出则过滤取上层清液）；

菲林B：将17 g五水合酒石酸钠钾溶于20 mL热蒸馏水中，再加入20 mL 20%氢氧化钠溶液，稀释至100 mL，即得无色透明的菲林B试剂。

菲林A和菲林B两种溶液要分别单独储存，使用时才取等量试剂A和试剂B混合，混合后形成深蓝色的络合物溶液，现配现用。

9. 希夫试剂

方法一。先配置100 mL新制的饱和二氧化硫溶液，然后取0.2 g品红盐酸盐溶于冷却的饱和二氧化硫溶液中，放置数小时，直至溶液无色或淡黄色，最后用蒸馏水稀释至200 mL。存于玻璃瓶中，塞紧瓶口，以免二氧化硫逸出。

方法二。取0.5 g品红盐酸盐溶解于100 mL热水中，冷却后通入二氧化硫气体至饱和，使粉红色消失，然后加入0.5 g活性炭，振荡，过滤，最后用蒸馏水稀释至500 mL。

方法三。取0.2 g品红盐酸盐溶解于100 mL热水中，放置冷却后，加入2 g亚硫酸氢钠和2 mL浓盐酸，最后用蒸馏水稀释至200 mL。

希夫试剂应密封于暗冷处贮存，见光或受热易分解。若暴露于空气中会使二氧化硫逸出，使溶液显桃红色，此时可通入少许二氧化硫，使颜色消失后再使用。

10. 蛋白质溶液

取50 mL新鲜鸡蛋清，并加入蒸馏水至100 mL，搅拌使其溶解。若溶液浑浊，可加入5%氢氧化钠溶液至溶液刚清亮。

11. 刚果红试纸

取0.2 g刚果红溶解于100 mL蒸馏水中，搅拌均匀配制成溶液。将滤纸放于刚果红溶液中浸透后，取出晾干，裁成长70～80 mm，宽10～20 mm的纸条，此时试纸呈鲜红色。

刚果红常用作酸性物质的指示剂，pH变色范围3～5。刚果红与弱酸作用显蓝黑色。与强酸作用显稳定的蓝色，遇碱则又变红。

12. 卢卡斯试剂

取34 g无水氯化锌溶于23 mL浓盐酸中，并于冷水浴中冷却，以防氯化氢逸出，放冷后，存于玻璃瓶中，密闭存放。此溶液常临时配制。

13. 氯化亚铜氨溶液

方法一。将3.5 g硫酸铜晶体、1 g氯化钠晶体体、1 g无水亚硫酸氢钠或亚硫酸钠溶于 20 mL 热蒸馏水中，边加入 0.5 g 氢氧化钠，边用玻璃棒快速搅拌，倾析法可得白色的氯化亚铜沉淀，再用蒸馏水洗涤。加入浓氨水使之溶解(必要时温热)，氯化亚铜与浓氨水反应式如下：

$$CuCl + 2NH_3 \cdot H_2O \rightleftharpoons Cu(NH_3)_2Cl + 2H_2O$$

亚铜盐极其容易被空气中的氧气氧化成二价铜，试剂会呈蓝色而掩盖炔化亚铜的红色。为了放置亚铜离子氧化、实验现象便于观察，在上述反应制备的氯化亚铜氨溶液中加入一定量的石蜡(也可用环己烷、煤油、苯、甲苯或二甲苯替代石蜡)封闭液面防止空气进一步氧化。

方法二。称取氯化铵 250 g 溶于 750 mL 热水中，冷却后加氯化亚铜 200 g，摇荡溶解。加入紫铜丝适量，静置呈透明后使用。使用时每两体积的 25%氨水中加入一体积的氯化亚铜溶液，混合均匀，用石蜡封闭液面。

14. 班氏试剂

取 40 g 柠檬酸钠及 23 g 无水碳酸钠溶于 100 mL 的热水中。另配制含 2 g 硫酸铜结晶的 20 mL 硫酸铜溶液，并在不断搅拌下，将硫酸铜溶液缓慢地加入上述柠檬酸钠和碳酸钠溶液中。可得到十分清澈的混合溶液，即班氏试剂；否则，需过滤。

15. 托伦试剂

方法一。取 1 mL 10%的硝酸银溶液于洁净的试管中，向试管中滴加氨水，边滴边摇动试管，开始出现褐色沉淀，再继续滴加氨水至沉淀刚好消失为止，得到澄清的银氨溶液，即托伦试剂。

方法二。取 1 mL 5%的硝酸银溶液于洁净的试管中，加入 2 滴 5%的氢氧化钠溶液，然后向试管中滴加 5%的稀氨水，边加边摇，直至沉淀刚好消失为止。

方法一配制的托伦试剂比方法二配制的托伦试剂碱性弱，在糖类实验中，方法一配制的试剂比较合适。

16. 间苯二酚盐酸试剂

取 0.1 g 间苯二酚溶于 100 mL 浓盐酸内，再用水稀释至 200 mL。

17. 莫里许试剂

称取 10 g α-萘酚溶于 95%的乙醇，再用 95%乙醇定容至 100 mL，实验前配制。

18. 5%酸性高锰酸钾溶液

称取 5 g 高锰酸钾加入 95 g 的 1 mol/L H_2SO_4 溶液中溶解。

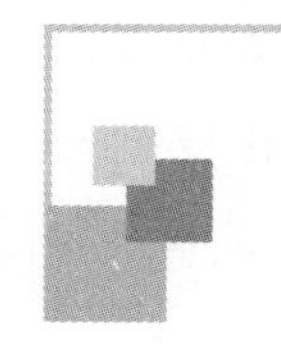

附录 E 常见共沸物

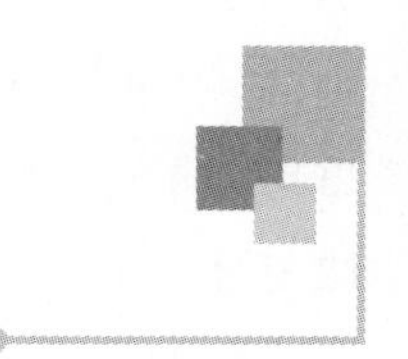

表 E-1 常见有机溶剂间的共沸混合物

共沸混合物	组分的沸点/℃	共沸物的组成(质量)/%	共沸物的沸点/℃
乙醇-乙酸乙酯	78.3,78.0	30∶70	72.0
乙醇-苯	78.3,80.6	32∶68	68.2
乙醇-氯仿	78.3,61.2	7∶93	59.4
乙醇-四氯化碳	78.3,77.0	16∶84	64.9
乙酸乙酯-四氯化碳	78.0,77.0	43∶57	75.0
甲醇-四氯化碳	64.7,77.0	21∶79	55.7
甲醇-苯	64.7,80.4	39∶61	48.3
氯仿-丙酮	61.2,56.4	80∶20	64.7
甲苯-乙酸	101.5,118.5	72∶28	105.4
乙醇-苯-水	78.3,80.6,100	19∶74:7	64.9

表 E-2 溶剂与水形成的二元共沸物

溶剂	沸点/℃	共沸点/℃	含水量/%	溶剂	沸点/℃	共沸点/℃	含水量/%
氯仿	61.2	56.1	2.5	甲苯	110.5	85.0	20
四氯化碳	77.0	66.0	4.0	正丙醇	97.2	87.7	28.8
苯	80.4	69.2	8.8	异丁醇	108.4	89.9	88.2
丙烯腈	78.0	70.0	13.0	二甲苯	137-40.5	92.0	37.5
二氯乙烷	83.7	72.0	19.5	正丁醇	117.7	92.2	37.5
乙腈	82.0	76.0	16.0	吡啶	115.5	94.0	42
乙醇	78.3	78.1	4.4	异戊醇	131.0	95.1	49.6
乙酸乙酯	77.1	70.4	8.0	正戊醇	138.3	95.4	44.7
异丙醇	82.4	80.4	12.1	氯乙醇	129.0	97.8	59.0
乙醚	35	34	1.0	二硫化碳	46	44	2.0
甲酸	101	107	26				

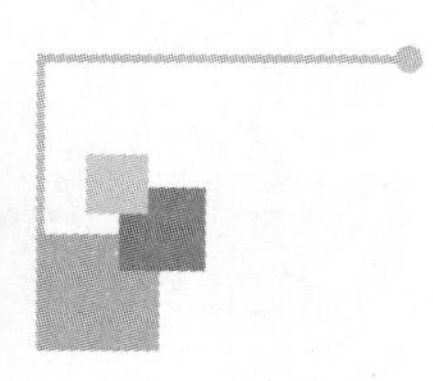

参 考 文 献

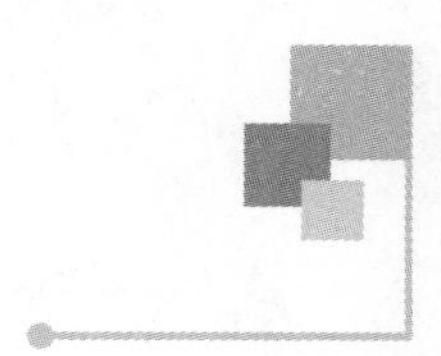

[1] 刘志宏,李保新.大学基础化学实验[M].北京:高等教育出版社,2016.

[2] 李厚金,石建新,邹小勇.基础化学实验[M].2版.北京:科学出版社,2015.

[3] 刘峥,丁国华,杨世军.有机化学实验[M].北京:冶金工业出版社,2010.

[4] 马汝梅.基础化学实验[M].2版.北京:科学出版社,2016.

[5] 龙盛京.有机化学实验[M].北京:高等教育出版社,2007.

[6] 范望喜,黄中梅,李杏元.有机化学实验[M].4版.武汉:华中师范大学出版社,2018.

[7] 刘桂艳,李耀仓,秦中立.无机及分析化学实验[M].4版.武汉:华中师范大学出版社,2018.

[8] 孙尔康,张剑荣,曹健,等.有机化学实验[M].3版.南京:南京大学出版社,2018.

[9] 陈琳,孙福强.有机化学实验[M].2版.北京:科学出版社,2017.

[10] 付岩.有机化学实验[M].3版.北京:清华大学出版社,2018.

[11] 初文毅,孙志忠,侯艳君.基础有机化学实验[M].北京:北京大学出版社,2016.

[12] 姚刚,王红梅.有机化学实验[M].2版.北京:化学工业出版社,2018.